高等学校"十二五"规划教材

# 计算机网络实验实训教程

主　编　尹向东　段国云　胡同花
副主编　张　彬　肖辉军　周　进
　　　　高艳霞　刘　艳

U0378905

西安电子科技大学出版社

# 内 容 简 介

本书由两篇构成：第一篇是基础实验篇，其中配合"计算机网络"课程，围绕掌握网络原理、网络协议和网络应用等目标，安排了 10 个实验；第二篇是网络实训篇，本篇中的 5 个计算机网络实训项目，可帮助读者获得初步的网络规划、设计、组建和管理能力。

本书中实验与实训的步骤讲述较为系统，深入浅出，易学易用，并配有电子教案，方便教师教学。本书可供高等院校计算机及计算机应用相关专业的本专科学生使用，也可作为网络爱好者的学习参考书。

**图书在版编目(CIP)数据**

计算机网络实验实训教程/尹向东，段国云，胡同花主编.
—西安：西安电子科技大学出版社，2014.8
高等学校"十二五"规划教材
ISBN 978–7–5606–3528–6

Ⅰ. ① 计…　　Ⅱ. ① 尹…　② 段…　③ 胡…　　Ⅲ. ① 计算机网络—实验—高等学校—教材
Ⅳ. ① TP393-33

**中国版本图书馆 CIP 数据核字(2014)第 251286 号**

策　　划　杨丕勇
责任编辑　王　斌　杨丕勇
出版发行　西安电子科技大学出版社（西安市太白南路 2 号）
电　　话　(029)88242885　88201467　　邮　　编　710071
网　　址　www.xduph.com　　　　　电子邮箱　xdupfxb001@163.com
经　　销　新华书店
印刷单位　陕西天意印务有限责任公司
版　　次　2014 年 8 月第 1 版　　2014 年 8 月第 1 次印刷
开　　本　787 毫米×1092 毫米　　1/16　印张 6.5
字　　数　144 千字
印　　数　1～3000 册
定　　价　15.00 元
ISBN 978 – 7 – 5606 – 3528 – 6 / TP
XDUP 3820001–1

＊＊＊ 如有印装问题可调换 ＊＊＊

# 前　言

随着计算机网络的迅速普及，人们对计算机网络知识的学习热情越来越高。为了让大家更好地通过有效的实验和实训项目掌握计算机网络理论知识，作者根据多年从事本专科计算机网络课程教学的实践经验编写了本书。本书共分两篇，第一篇为基础实验篇，其中实验 1 介绍了双绞线及常用网络工具，实验 2 介绍了对等网，实验 3 介绍了常用网络命令分析与使用，实验 4 介绍了 IP 地址和子网划分设计，实验 5 介绍了 Windows 2003 Server 综合实验，实验 6 介绍了 Sniffer 网络协议监控实验，实验 7 是交换机简介及其配置，实验 8 是路由器简介及其配置，实验 9 介绍了虚拟局域网，实验 10 介绍了静态路由和默认路由。第二篇为网络实训篇，实训 1 介绍了家庭局域网的组建，实训 2 介绍了小型局域网的组建，实训 3 介绍了大中型企业网络的组建，实训 4 介绍了大中型校园网的组建，实训 5 介绍了行业城域网的组建。

本书由尹向东、段国云、胡同花任主编，张彬、肖辉军、周进、高艳霞、刘艳任副主编。其中第一篇的实验 1、实验 2、实验 5、实验 6 由尹向东编写；第一篇的实验 8、实验 9、实验 10 及第二篇由段国云编写；第一篇的实验 3 由张彬编写；第一篇的实验 4 由胡同花编写；第一篇的实验 7 由肖辉军编写。本书由尹向东统稿，周华先、欧红星等人也参与了本书的编写与出版工作，另外，在编写过程中还参考了一些同类教材和资料，在此谨向所有作者致以深深的谢意！

由于编写时间紧迫和作者水平所限，书中难免有不足之处，请广大读者批评指正。

作　者
2014 年 1 月

# 目　　录

## 第一篇　基础实验篇

# 第二篇 网络实训篇

# 第一篇

# 基础实验篇

# 实验 1　常用网络工具及网线制作

## 1.1　实 验 目 的

(1) 掌握常用网络工具的用途及使用方法。
(2) 掌握双绞线的基本结构及网线的制作方法。
(3) 掌握网线的测试方法。

## 1.2　实 验 环 境

网线钳(压线钳)、网线测试仪(测线仪)、信息模块、水晶头、双绞线(网线)、打线工具、剥线工具。

## 1.3　实 验 步 骤

### 1. 直通双绞线 RJ-45 接口的制作

(1) 用网线钳(或其他的剪线工具)把五类双绞线的一端剪齐(最好先剪一段符合布线长度要求的网线)，然后把剪齐的一端插入到网线钳用于剥线的缺口中，注意网线不能弯，需要直插进去，直到顶住网线钳后面的挡位，稍微握紧网线钳慢慢旋转一圈(无需担心损坏网线里面芯线的包皮，因为剥线的两刀片之间留有一定距离，这个距离通常就是里面 4 对芯线的直径)，让刀口划开双绞线的保护胶皮，剥下胶皮，如图 1-1 所示。

图 1-1　用网线钳剥双绞线胶皮

注意：网线钳挡位距剥线刀口长度恰好为水晶头长度，这样可以有效避免剥线过长或过短。剥线过长不但不美观，而且会导致网线不能被水晶头压住，容易松动；剥线过短，芯线不能完全插到水晶头底部，造成水晶头插针不能与芯线完全接触，芯线当然也就不能制作成功。

(2) 剥除外包皮后即可见到双绞线网线的 4 对两两缠绕的芯线，每对芯线是由一条纯色的芯线和一条该颜色与白色相间的双色芯线组成的。4 条纯色芯线的颜色为：棕色、橙色、绿色、蓝色。

把每对芯线分开(每对芯线都相邻排列)，并按统一的排列顺序(如左边为纯色芯线，右边为双色芯线)排列。注意每条芯线都要拉直，且并列排列，不能重叠。然后用网线钳垂直于芯线排列方向剪齐(不要剪太长，只需剪齐即可)。自左至右编号的顺序定为"1、2、3、4、5、6、7、8"。

双绞线的接口有 EIA/TIA-568A 和 EIA/TIA-568B 两种标准，如图 1-2 所示，8 条芯线有具体的排列顺序。

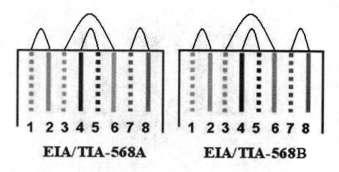

图 1-2　双绞线的接口标准

① EIA/TIA-568A 标准的线序从左到右的顺序为：

1—绿白(绿色的外层上有些白色)。

2—绿色。

3—橙白(橙色的外层上有些白色)。

4—蓝色。

5—蓝白(蓝色的外层上有些白色)。

6—橙色。

7—棕白(棕色的外层上有些白色)。

8—棕色。

② EIA/TIA-568B 标准的线序从左到右的顺序为：

1—橙白(橙色的外层上有些白色)。

2—橙色。

3—绿白(绿色的外层上有些白色)。

4—蓝色。

5—蓝白(蓝色的外层上有些白色)。

6—绿色。

7—棕白(棕色的外层上有些白色)。

8—棕色。

**注意**：双绞线的连接方法主要有两种，分别为直通线缆和交叉线缆。简单地说，直通线缆就是水晶头两端都同时采用 EIA/TIA-568A 标准或者 EIA/TIA-568B 标准的接法，如常用于连接计算机和交换机的网线就是直通线缆。而交叉线缆则是水晶头一端采用 EIA/TIA-586A 标准制作，而另一端则采用 EIA/TIA-568B 标准制作，即 A 水晶头的 1、2 对应 B 水晶头的 3、6，而 A 水晶头的 3、6 对应 B 水晶头的 1、2，如计算机和计算机的直接连接、交换机和交换机之间的连接。

(3) 左手水平握住水晶头(塑料扣的一面朝下，开口朝右)，然后把剪齐、并列排列的 8 条芯线对准水晶头开口并排插入水晶头中。

注意一定要使各条芯线都插到水晶头的底部，不能弯曲(因为水晶头是透明的，如图 1-3 所示，所以可以从水晶头有卡位的一面清楚地看到每条芯线所插入的位置)。

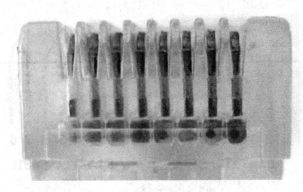

图 1-3　水晶头

(4) 在确认所有芯线都插到水晶头底部后，即可将插入网线的水晶头放入网线钳压线缺口中。因为该压线缺口结构与水晶头结构一样，所以一定要正确放入才能保证所压的位置正确。压下网线钳手柄时，一定要使劲，使水晶头的插针都能插入到网线芯线之中，最好多压一次。至此，RJ-45 接口的水晶头就压接好了。

按照相同的方法制作双绞线的另一端水晶头。

需要注意的是，芯线排列顺序一定要与另一端的顺序完全一样，这样一条网线的制作就算完成了。

(5) 网线做好后即可用网线测试仪进行测试，如果测线仪上两排 8 个指示灯都同步依次为绿色闪过，证明网线制作成功。

如果出现任何一个灯为红灯或黄灯，都证明存在断路或者接触不良现象。此时最好先对两端水晶头再用网线钳压一次，再测一次。如果故障依旧，再检查一下两端芯线的排列顺序是否一样。如果不一样，剪掉一端重新按另一端芯线排列顺序制作水晶头。如果芯线顺序一样，但测线仪的指示灯在重测后仍显示红色或黄色，则表明其中肯定存在对应芯线接触不好。此时再剪掉一端按另一端芯线顺序重做一个水晶头，直到网线测试仪全为绿色指示灯闪过为止，如图 1-4 所示。

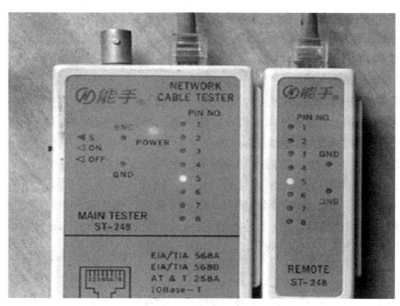

图 1-4　网线测试仪

### 2. 网线的跳线规则

双绞线在网络中的接线方法有以下几种：

(1) 一一对应接法。即双绞线的两端芯线要一一对应。如果一端的第一脚为绿色，另一端的第一脚也必须为绿色的，这样做出来的双绞线通常称为"直连线"。但需要注意的是，4 个芯线对通常不分开，即芯线对的两条芯线通常为相邻排列。这种网线一般用于集线器或交换机与计算机之间的连接。

(2) 1－3、2－6 交叉接法。虽然双绞线有 4 对 8 条芯线，但实际上在网络中只用到了其中的 4 条，即水晶头的第一、第二脚和第三、第六脚，它们分别起着收、发信号的作用。这种交叉网线的芯线排列规则是：网线一端的第一脚连另一端的第三脚，网线一端的第二脚连另一端的第六脚，其他脚一一对应即可。这种排列做出来的网线通常称为"交叉线"。

例如，当线的一端从左到右的芯线顺序依次为：白绿、绿、白橙、蓝、白蓝、橙、白棕、棕时，另一端从左到右的芯线顺序则应当依次为：白橙、橙、白绿、蓝、白蓝、绿、白棕、棕。这种网线一般用于集线器(交换机)的连接、服务器与集线器(交换机)的连接、对等网计算机的直接连接等情况下。

(3) 100M 接法。这是一种最常用的网线制作规则。所谓 100M 接法，是指它能满足 100M 带宽的通信速率。 采用 100M 接法的网线用于集线器(交换机)与工作站、计算机之间的连接，也就是"直连线"所应用的范围。

### 3. 信息模块的制作

在了解了以上的跳线规则后，就可以利用一些材料和打线工具制作信息模块了。具体的制作步骤如下：

(1) 用剥线工具在离双绞线一端约 130 mm 处把双绞线的外包皮剥去。

(2) 如果有信息模块打线保护装置，则可将信息模块嵌入在保护装置上。

(3) 把剥开的 4 对双绞线芯线分开，按照信息模块上所指示的芯线颜色的线序，两手平拉上一小段对应的芯线，稍稍用力将导线一一置入相应的线槽内。

(4) 当全部芯线都嵌入好后，即可用打线钳再一根一根地把芯线压入线槽中(也可在第三步操作中完成一根，即用打线钳压入一根，但效率低)，确保接触良好，然后剪掉模块外多余的线。

**注意**：通常情况下，信息模块上会同时标记有 EIA/TIA-568A 和 EIA/TIA-568B 两种标准的芯线颜色的线序，应当根据布线设计时的规定，与其他连接和设备采用相同的线序。

(5) 将信息模块的塑料防尘片沿缺口穿入双绞线，并固定于信息模块上，压紧后即可完成信息模块的制作全过程，然后把制作好的信息模块放入信息插座中。

信息模块制作好后应测试一下连接是否良好，测试可用万用表进行。把万用表的挡位打在 ×10 的电阻挡，一个表笔与网线的另一端芯线接触，另一个表笔接触信息模块上卡入相应颜色芯线的卡线槽边缘(注意不是接触芯线)。如果阻值很小，则证明信息模块连接良好；否则再用打线钳压一下相应的芯线，直到通畅为止。

## 1.4 小　结

通过本次实验，掌握常用的网络工具(压线钳、测线仪)的使用方法。利用这些网络工具，以 EIA/TIA-568A 和 EIA/TIA-568B 标准制作一根可以使用的网线。

# 实验 2 对 等 网

## 2.1 实 验 目 的

(1) 掌握建立双绞线对等网的工作原理。
(2) 掌握对等网的软件设置。
(3) 掌握对等网资源共享的设置与使用。

## 2.2 实 验 环 境

计算机、双绞线若干根、RJ-45 接口的水晶头若干个、交换机十台、网线钳十五把、测线仪一台。

## 2.3 实 验 步 骤

(1) 采用星形结构，先将做好的双绞线的一端插入交换机的 RJ-45 接口上，另一端插入工作站网卡的 RJ-45 接口上。各计算机的连接方法都相同。

(2) 正确安装网卡驱动程序，配置 Windows 网络组件参数。安装网络组件包括客户端、协议、服务。其安装步骤如下：

① 选择控制面板→网络和拨号连接→双击"本地连接"图标(或直接双击任务栏的"网络连接"图标)→属性→单击"常规"标签。

② 在网络连接属性中单击"安装"按钮安装以下的网络组件。

A. 客户端：Microsoft 网络客户端。

B. 协议：详细的安装过程见步骤(3)"添加通信协议"。

C. 服务：文件及打印共享。

(3) 添加通信协议，如图 2-1 所示。局域网常用的三大协议为：TCP/IP、IPX/SPX 和 NetBEUI，Windows XP 下相关协议的安装步骤如下：

① 配置 TCP/IP 协议：双击 TCP/IP 协议，进入"属性设置"对话框，设置 IP 地址、子网掩码、默认网关、DNS 等参数。

② 安装 IPX/SPX 协议：单击"添加"按钮→在弹出的"选择网络组件类型"对话框中选择"协议"→单击"添加"按钮→在弹出的"选择网络协议"对话框中选择"NWLink

IPX/SPX/NetBIOS"→单击"确定"按钮，则添加 IPX/SPX 协议成功。

图 2-1　添加通信协议

(4) 设置计算机属性。其操作步骤如下：

① 标识计算机。打开"我的电脑"，单击鼠标右键，选择"属性"→"计算机名"→"更改"。"系统属性"对话框如图 2-2 所示。

② 设置"完整的计算机名称"和"工作组"(对等网中的计算机不能有重名，可以对计算机进行分组)。

**注意**：所选通信协议必须与同一网络中其他计算机使用的协议一致；如果安装了 TCP/IP 协议，IP 地址必须属于同一子网。

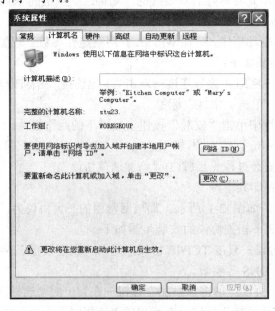

图 2-2　"系统属性"对话框

(5) 添加用户：选择"控制面板"→"用户账户"，可直接开启来宾账户。

(6) 在资源管理器中设置共享文件夹。其操作步骤如下：

① 打开"资源管理器"，选择需要给其他用户使用的文件夹，即需要共享的对象。右键单击该文件夹，在出现的快捷菜单中选择"共享"，出现"共享"对话框。

② 选择"共享为"，输入新的共享名或者保持默认的共享名。(需要注意的是，此处输入的共享名只是别人在网络上看到的共享文件夹的名字，本地主机上的这个文件夹的名字其实并没有改变。)

③ 设置"访问类型"，访问类型有三种：只读、完全和根据密码访问。

④ 设置完各项后单击"确定"按钮，此时，在"文件夹"图标下面增加一个"手"的图标，表示该文件夹已是共享文件夹。

(7) 共享资源的访问方式如下：

① 打开"网上邻居"，找到机器名，双击鼠标左键打开它。

② 使用统一资源定位符 URL，在地址栏输入："\\计算机名"或"\\ IP 地址(路径)"。例如，"\\stu23"或"\\192.168.0.23"。

注意：有时出于安全或者防止被频繁地访问，可能会把主机在局域网上的某个共享文件夹隐藏。要在网络上隐藏共享文件夹的图标，需在共享名后加入符号"$"。这种共享称为"隐含共享"。其作用如下：

① 隐含共享已开启，但客户端访问时看不到。

② 如果有很多客户机，只有用户允许的人才可以通过网上邻居的地址栏输入路径和文件名进行访问。客户端访问某隐含共享的一般格式为："\\计算机名\共享名$"。例如，在地址栏中输入："\\stu03\实验 2$"。

(8) 在资源管理器中设置需要共享的打印机。

## 2.4 小　　结

通过本次实验，学会如何利用双绞线、交换机和个人计算机(简称 PC)建立一个简单的对等网。在建立好的对等网环境中安装驱动及相关协议，进行相应的用户和共享参数的配置。

# 实验 3  常用网络命令分析与使用

## 3.1  实  验  目  的

(1) 掌握 Ping 命令、IPConfig 命令、Tracert 命令、ARP 命令、Nbtstat 命令、Net 命令的使用原理和基本操作。

(2) 使用常用的网络命令处理实际问题。

## 3.2  实  验  环  境

PC 机和交换机。

## 3.3  实  验  步  骤

### 1. Ping 命令

**1) Ping 的基本原理**

Ping 原来是潜水艇人员的专用术语，表示回应的声呐脉冲。在网络中，Ping 命令是一个十分好用的 TCP/IP 工具，它主要的功能是用来检测网络的连通情况和分析网络速度。

Ping 命令实际上是个使用频率极高的实用程序，用于确定本地主机是否能与另一台主机交换(发送与接收)数据报。根据返回的信息，可以推断 TCP/IP 参数是否设置正确以及运行是否正常。

简单地说，Ping 命令就是一个测试程序，如果 Ping 命令运行正确，大体上就可以排除网络访问层、网卡、Modem 的输入/输出线路、电缆和路由器等存在的故障，从而减小了问题的范围。但由于可以自定义所发数据报的大小及其可以被无休止地高速发送，Ping 命令也被黑客作为 DDoS(分布式拒绝服务攻击)的工具，例如，许多大型的网站就是被黑客利用数百台可以高速接入互联网的计算机连续发送大量"Ping"数据报而瘫痪的。

**2) Ping 命令的格式与常用参数**

(1) 命令格式如下：

　　Ping [-t] [-a] [-n count] [-l length] [-f] [-i ttl] [-v tos] [-r count] [-s count]
[[-j computer-list] | [-k computer-list]] [-w timeout] destination-list

(2) 参数说明。

- -t：校验与指定计算机的连接，直到用户中断。
- -a：将地址解析为计算机名。
- -n count：发送由 count 指定一定数量的 ECHO 报文，默认值为 4。
- -l length：发送包含由 length 指定数据长度的 ECHO 报文。默认值为 32 字节，最大值为 65 500 字节。
- -f：在包中发送"不分段"标志。该包将不被路由上的网关分段。
- -i ttl：将"生存时间"字段设置为 ttl 指定的数值。
- -v tos：将"服务类型"字段设置为 tos 指定的数值。
- -r count：在"记录路由"字段中记录发出报文和返回报文的路由。指定的 Count 值最小可以是 1，最大可以是 9。-s count 指定是指由 count 指定转发次数的时间标记。
- -j computer-list：经过由 computer-list 指定的计算机列表的路由报文。中间网关可能分隔连续的计算机(松散的源路由)。允许的最大 IP 地址数目是 9。
- -k computer-list：经过由 computer-list 指定的计算机列表的路由报文。中间网关可能分隔连续的计算机(严格的源路由)。允许的最大 IP 地址数目是 9。
- -w timeout：以毫秒为单位指定超时间隔。
- -destination-list：指定要校验连接的远程计算机。

(3) 出错警告及含义。

① Request time out。

A. 对方已关机或者网络上根本没有这个地址。

B. 对方与自己不在同一网段内。

C. 对方确实存在，但设置了 ICMP 数据包过滤(如防火墙设置)。

D. 错误地设置了 IP 地址。

② Destination host unreachable。

A. 对方与自己不在同一网段内，而自己又未设置默认的路由，例如，A 机中不设定默认的路由，运行 Ping 192.168.0.1.4 就会出现"destination host unreachable"。

B. 网线出了故障。这里说明一下"destination host unreachable"和"time out"的区别：如果所经过的路由器的路由表中具有到达目标的路由，而目标因为其他原因不可到达，这时候会出现"time out"；如果路由表中没有到达目标的路由，则就会出现"destination host unreachable"。

③ Bad IP address。这个信息表示用户可能没有连接到 DNS 服务器，因此无法解析这个 IP 地址，也可能是该 IP 地址不存在。

④ Source quench received。这个信息比较特殊，其出现的几率很少。它表示对方或中途的服务器繁忙无法回应。

⑤ Unknown host：不知名主机。这种出错信息的意思是，该远程主机的名字不能被域名服务器(DNS)转换成 IP 地址。故障原因可能是域名服务器有故障、其名字不正确或网络管理员的系统与远程主机之间的通信线路有故障。

⑥ No answer：无响应。这种故障说明本地系统有一通向中心主机的路由，但却接收不到它发给该中心主机的任何信息。故障原因可能是：中心主机没有工作；本地或中心主机网络配置不正确；本地或中心的路由器没有工作；通信线路有故障；中心主机存在路由

选择问题。

⑦ Ping 127.0.0.1：127.0.0.1 是本地循环地址。如果本地址无法"Ping"通，则表明本地机 TCP/IP 协议不能正常工作。

⑧ no rout to host：网卡工作不正常。

⑨ transmit failed，error code：10043 网卡驱动不正常。

⑩ unknown host name：DNS 配置不正确。

3) Ping 命令操作示例

(1) Ping 网址。对这个域名执行"Ping"操作，通常是通过 DNS 服务器，如果这里出现故障，则表示 DNS 服务器的 IP 地址配置不正确或 DNS 服务器有故障(对于拨号上网用户，某些 ISP 已经不需要设置 DNS 服务器了)。另外，可以利用该命令实现域名对 IP 地址的转换功能。

例如，打开 Windows 命令提示符，输入命令："ping www.163.com"，Ping 命令显示的结果如图 3-1 所示。

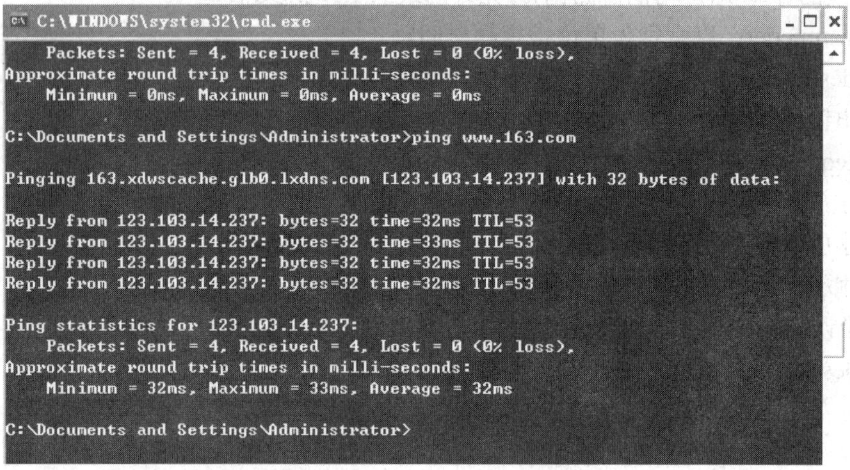

图 3-1　Ping 命令显示的结果

图 3-1 中的"bytes = 32"表示 ICMP 报文中有 32 个字节的测试数据，"time = 32 ms"是往返时间。Sent 为发送多个包、Received 为收到多个回应包、Lost 为丢失了多少个包，Minimum 为最短响应时间、Maximun 为最长响应时间、Average 为平均响应时间。从图 3-1 中来看，来回只用了 32 ms 时间，"Lost = 0"即表示丢包数为 0，表明网络状态相当好。

注意：可以使用 -n 参数"Ping" 100 次，即"Ping -n 100 IP 地址"，查看 Sent、Received、Lost、Minimum、Maximun、Average 等值的变化。

按照缺省设置，Ping 命令发送 4 个 ICMP 回送请求，每个 32 字节数据，能得到 4 个回送应答。如果应答时间短，表示数据报不必通过太多的路由器，网络连接速度比较快。

Ping 命令还能显示 TTL(Time To Live，生存时间)值，可以通过 TTL 值推算一下数据包已经通过了多少个路由器：源地点 TTL 起始值–返回时 TTL 值。例如，返回 TTL 值为 119，那么可以推算数据包离开源地址的 TTL 起始值为 128，而源地点到目标地点要通过 9 个路由器网段(128–119)；如果返回 TTL 值为 246，TTL 起始值就是 256，源地点到目标地点要通过 10 个路由器网段(256−246)。

(2) Ping 127.0.0.1。127.0.0.1 这个 IP 地址是本地环回地址，常作为计算机内部测试用地址。这个地址只要操作系统正常，即使网卡没插线，也是一直存在，并且响应 ICMP 请求。因此它是系统级别的地址，不依附于任何接口。

进行 Ping 127.0.0.1 操作，如果回应正常，则说明本机 TCP/IP 协议安装正常。如果这个都没有回应，那么说明系统层面的网络配置存在问题。

(3) Ping 本机 IP。本机 IP 是计算机所配置的 IP 地址，在一般情况下应该出现正常响应信息；如果没有，则表示本地配置或安装存在问题。

注意：出现此问题时，可以断开网络电缆，然后重新发送该命令。如果网线断开后本命令正确，则表示另一台计算机可能配置了相同的 IP 地址。

(4) Ping 局域网内其他 IP。这个命令的信息经过网卡及网络电缆到达其他计算机，再返回。收到回送应答表明本地网络中的网卡和载体运行正确。但如果收到 0 个回送应答，那么表示子网掩码不正确、网卡配置错误或电缆系统有问题。

(5) Ping 网关 IP。这个命令如果应答正确，表示局域网中的网关路由器正在运行并能够做出应答。

(6) Ping 远程 IP。如果收到 4 个回送应答，表示成功地使用了缺省网关。

(7) Ping localhost。localhost 是操作系统的网络保留名，它是 127.0.0.1 的别名，每台计算机都应该能够将该名字转换成 IP 地址。如果没有出现正常的响应信息，则表示主机文件(路径为"/Windows/host")中存在问题。

2. IPconfig 命令

1) IPconfig 命令的基本原理

IPconfig 命令是调试计算机网络的常用命令，可用于显示当前的 TCP/IP 配置的设置值。这些信息一般用来检验人工配置的 TCP/IP 设置是否正确。使用它显示计算机中网络的基本配置信息，包括网络适配器的 IP 地址、子网掩码、默认网关等基本信息，也可以显示网络适配器的物理地址、DHCP 信息、主机名、DNS 信息、IP 路由、WINS 等扩展信息。

2) IPconfig 命令的常用参数选项

(1) IPconfig /all：显示本机 TCP/IP 配置的详细信息。

(2) IPconfig /release：DHCP 客户端手工释放 IP 地址。

(3) IPconfig /renew：DHCP 客户端手工向服务器刷新请求。

(4) IPconfig /flushdns：清除本地 DNS 缓存内容。

(5) IPconfig /displaydns：显示本地 DNS 内容。

(6) IPconfig /registerdns：DNS 客户端手工向服务器进行注册。

(7) IPconfig /showclassid：显示网络适配器的 DHCP 类别信息。

(8) IPconfig /setclassid：设置网络适配器的 DHCP 类别。

说明：可以在 DOS 方式下输入"IPconfig /?"进行参数查询。

3) IPconfig 命令操作示例

(1) IPconfig。例如，打开 Windows 命令提示符，输入命令："IPconfig"。

当使用 IPconfig 时不带任何参数选项，那么显示的结果如图 3-2 所示，它显示每个已经配置了的网络适配器接口的 IP 地址、子网掩码和缺省网关值。

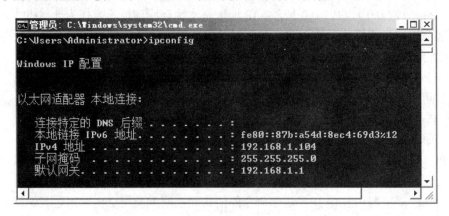

图 3-2　IPconfig 命令显示的结果

(2) IPconfig /all。当使用 all 选项时，IPconfig 命令将显示每个已经配置了的网络适配器接口的详细网络配置信息，其中包括 DHCP 服务器、DNS 和 WINS 服务器信息，并且显示内置于本地网卡中的物理地址(MAC)。如果 IP 地址是从 DHCP 服务器租用的，IPconfig 将显示 IP 地址和租用地址预计失效的日期。

(3) IPconfig /release。输入命令："ipconfig /release"，那么所有接口租用的 IP 地址便会释放，重新交付给 DHCP 服务器(归还 IP 地址)。

(4) IPconfig /renew。输入命令："ipconfig /renew"，那么本地计算机便设法与 DHCP 服务器取得联系，并重新租用一个 IP 地址。需要注意的是，大多数情况下网卡将被重新赋予和以前所赋予的相同的 IP 地址。

### 3. Tracert 命令

#### 1) Tracert 命令的基本原理

Tracert 命令是一个路由跟踪实用程序，用于确定 IP 数据报访问目标所采取的路径。Tracert 命令用 IP 生存时间(TTL)字段和 ICMP 错误消息来确定从一个主机到网络中其他主机的路由。

通过向目标发送不同 IP 数据报的生存时间(TTL)值的"Internet 控制消息协议 (ICMP)"回应数据包，Tracert 实用程序确定到目标所采取的路由。要求路径上的每个路由器在转发数据包之前至少将数据包上的 TTL 递减 1。当数据包上的 TTL 减为 0 时，路由器应该将"ICMP 已超时"的消息发回源系统。

Tracert 先发送 TTL 为 1 的回应数据包，并在随后的每次发送过程将 TTL 递增 1，直到目标响应或 TTL 达到最大值，从而确定路由。通过检查中间路由器发回的"ICMP 已超时"的消息确定路由。某些路由器不经询问直接丢弃 TTL 过期的数据包，这在 Tracert 实用程序中看不到。

#### 2) Tracert 命令的常用参数选项

(1) 命令格式如下：

　　　Tracert [-d] [-h maximum_hops] [-j host-list] [-w timeout]

　　　　　[-R] [-S srcaddr] [-4] [-6] target_name

(2) 参数说明。

-d：不将地址解析成主机名。

-h maximum_hops：搜索目标的最大跃点数。

-j host-list：与主机列表一起的松散源路由(仅适用于 IPv4)。

-w timeout：等待每个回复的超时时间(以毫秒为单位)。

-R：跟踪往返行程路径(仅适用于 IPv6)。

-S srcaddr：要使用的源地址(仅适用于 IPv6)。

-4：强制使用 IPv4。

-6：强制使用 IPv6。

3) Tracert 命令操作示例

Tracert 网址。例如：打开 Windows 命令提示符，输入命令："Tracert www.baidu.com"。其显示的结果如图 3-3 所示。

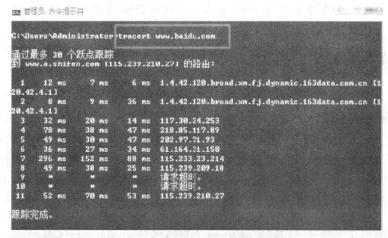

图 3-3　Tracert 命令显示的结果

在图 3-3 中，Tracert 后面的网址信息，DNS 解析会自动将其转换为 IP 地址，同时显示数据包到达目标(www.baidu.com)所经过的所有路由区域信息，其中带有星号"*"的信息表示该次 ICMP 包返回时间超时。

**4. ARP 命令**

1) ARP 的基本原理

ARP 命令用于显示和修改"地址的解析协议(ARP)"缓存中的项目。ARP 缓存中包含一个或多个表，它们用于存储访问过 IP 地址及其经过解析的 MAC 地址。ARP 命令用于查询本机 ARP 缓存中 IP 地址与 MAC 地址的对应关系、添加或删除静态对应关系等。在下一次访问重复的 IP 地址时，可以直接从缓存中读取对应的 MAC 地址信息，从而提高访问速度。

2) ARP 命令的常用参数选项

(1) 命令格式如下：

    arp [-a [inetaddr] [-n ifaceaddr] [-g [inetaddr] [-n ifaceaddr] [-d inetaddr [ifaceaddr]
        [-s inetaddr etheraddr [ifaceaddr]

(2) 参数说明。

• -a [inetaddr] [-n ifaceaddr]：显示所有接口的当前 ARP 缓存表。要显示指定 IP 地址的 ARP 缓存项，请使用带有 inetaddr 参数的"arp -a"命令，此处的 inetaddr 代表指定的 IP 地址。要显示指定接口的 ARP 缓存表，使用 "-n ifaceaddr"命令，此处的 ifaceaddr 代表分配给指定接口的 IP 地址。-n 参数区分大小写。

• -g [inetaddr] [-n ifaceaddr]：与-a 相同。

• -d inetaddr [ifaceaddr]：删除指定的 IP 地址项，此处的 inetaddr 代表 IP 地址。对于指定的接口，要删除 ARP 表中的某项，请使用 ifaceaddr 参数，此处的 ifaceaddr 代表分配给该接口的 IP 地址。要删除所有项，使用星号"*"作为通配符代替 inetaddr。

• -s inetaddr etheraddr [ifaceaddr]：向 ARP 缓存添加可将 IP 地址 inetaddr 解析成物理地址 etheraddr 的静态项。要向指定接口的表添加静态 ARP 缓存项，使用 ifaceaddr 参数，此处的 ifaceaddr 代表分配给该接口的 IP 地址。

注意：inetaddr 和 ifaceaddr 的 IP 地址用带圆点的十进制记数法表示。物理地址 Etheraddr 由六个字节组成，这些字节用十六进制记数法表示并且用连字符隔开(如 00-AA-00-4F-2A-9C)。

只有当 TCP/IP 协议在网络连接中安装为网络适配器属性的组件时，ARP 命令才可用。

3) ARP 命令操作示例

(1) 查看本机当前所有网络适配器接口的 ARP 缓存表。例如，打开 Windows 命令提示符，输入命令："arp-a"。

ARP 命令显示的结果如图 3-4 所示，可以看到本机最近访问过的 IP 地址及其地址解析对应的 MAC 地址信息。其中，动态信息表示用户最近操作曾经访问的目标 IP 地址，后面与之对应的 MAC 地址是通过 ARP 协议从当前网络中动态获得的。静态信息是用于绑定那些常用的关键设备接口的 IP 地址及 MAC 地址，可以防止网络中的 ARP 欺骗。

图 3-4　ARP 命令显示的结果

(2) ARP 静态绑定 IP 地址和 MAC 地址。例如：

　　arp -s　　224.0.0.254　　01-00-5e-00-00-fe

　　arp -a

(3) 清除 ARP 缓存表。例如：

    arp -d

### 5. Nbtstat 命令

1) Nbtstat 的基本原理

Nbtstat 命令用于显示基于 TCP/IP 的 NetBIOS (NetBT)协议统计资料、本地计算机及远程计算机的 NetBIOS 名称表和 NetBIOS 名称缓存。Nbtstat 命令可以刷新 NetBIOS 名称缓存和使用 Windows Internet 名称服务(WINS)注册的名称。

2) Nbtstat 命令的常用参数选项

(1) 命令格式如下：

    nbtstat[-a RemoteName] [-A IPAddress] [-c] [-n] [-r] [-R] [-RR] [-s] [-S] [Interval]

(2) 参数说明。

• -a RemoteName：显示远程计算机的 NetBIOS 名称表，其中，RemoteName 是远程计算机的 NetBIOS 计算机名称。NetBIOS 名称表是与运行在该计算机上的应用程序相对应的 NetBIOS 名称列表。

• -A IPAddress：显示远程计算机的 NetBIOS 名称表，其名称由远程计算机的 IP 地址指定(以小数点分隔)。

• -c：显示 NetBIOS 名称缓存的内容、NetBIOS 名称表及其解析的各个地址。

• -n：显示本地计算机的 NetBIOS 名称表。Registered 的状态表明该名称是通过广播还是 WINS 服务器注册的。

• -r：显示 NetBIOS 名称解析统计资料。

• -R：清除 NetBIOS 名称缓存的内容并从 Lmhosts 文件中重新加载带有" #PRE"标记的项目。

• -RR：释放并刷新通过 WINS 服务器注册的本地计算机的 NetBIOS 名称。

• -s：显示 NetBIOS 客户端和服务器会话，并试图将目标 IP 地址转化为名称。

• -Interval：重新显示选择的统计资料，可以在每个显示内容之间中断 Interval 中指定的秒数。按 Ctrl + C 键停止重新显示统计信息。如果省略该参数，Nbtstat 命令将只显示一次当前的配置信息。

3) Nbtstat 命令操作示例

(1) nbtstat -a CORP07：显示 NetBIOS 计算机名为 CORP07 的远程计算机的 NetBIOS 名称表。

(2) nbtstat -A 10.0.0.99：显示所分配 IP 地址为 10.0.0.99 的远程计算机的 NetBIOS 名称表。

(3) nbtstat -n：显示本地计算机的 NetBIOS 名称表。

(4) nbtstat -c：显示本地计算机 NetBIOS 名称缓存的内容。

(5) nbtstat -R：清除 NetBIOS 名称缓存并重新装载本地 Lmhosts 文件中带有"#PRE"标记的项目。

(6) nbtstat -RR：释放通过 WINS 服务器注册的 NetBIOS 名称并对其重新注册。

(7) nbtstat -S 5：每隔 5 s 以 IP 地址显示 NetBIOS 会话统计资料。

### 6. Net 命令

#### 1) Net 的基本原理

Net 命令是一个功能十分强大的命令行网络命令，可以配置和查看网络环境、服务、用户、登录等信息内容。所有 Net 命令接受选项 "/yes" 和 "/no" (可缩写为 "/y" 和 "/n")。在使用或者管理网络的过程中，或多或少都会遇到这样或那样的问题，特别是在维护局域网或广域网时，如果能掌握 Net 命令使用技巧，常常会给工作带来极大的方便，有时能起到事半功倍的效果。

#### 2) Net 命令的常用参数选项

Net 命令其实是一个网络工具库，对应的参数很多，大致分为 14 个方面的功能，它的基本格式如下：

NET [ ACCOUNTS | COMPUTER | CONFIG | CONTINUE | FILE | GROUP | HELP | HELPMSG | LOCALGROUP | PAUSE | SESSION | SHARE | START | STATISTICS | STOP | TIME | USE | USER | VIEW ]

其中，每一个参数都有对应的功能。

#### 3) Net 命令详解

(1) Net View。

作用：显示域列表、计算机列表或指定计算机的共享资源列表。

命令格式：

Net view [\\computername | /domain[:domainname]]

参数说明：

· 键入不带参数的 Net view：显示当前域的计算机列表。

· \\computername：指定要查看其共享资源的计算机。

· /domain[:domainname]：指定要查看其可用计算机的域。

例如，Net view \\GHQ：查看 GHQ 计算机的共享资源列表。Net view /domain:XYZ、查看 XYZ 域中的机器列表。

(2) Net User。

作用：添加或更改用户账号或显示用户账号信息。

命令格式：

Net user [username [password | *] [options]] [/domain]

参数说明：

· 键入不带参数的 Net user：查看计算机上的用户账号列表。

· username：添加、删除、更改或查看用户账号名。

· password：为用户账号分配或更改密码。

· *：提示输入密码。

· /domain：在计算机主域的主域控制器中执行操作。该参数仅在 Windows NT Server 域成员的 Windows NT Workstation 计算机上可用。在默认情况下，Windows NT Server 计算机在主域控制器中执行操作。需要注意的是，在计算机主域的主域控制器发生该动作。它可能不是登录域。

例如，Net user ghq123：查看用户 GHQ123 的信息。

(3) Net Use。

作用：连接或断开计算机与共享资源的连接，或者显示计算机的连接信息。

命令格式：

Net use [devicename | *] [\\computername\sharename[\volume]] [password | *]]

[/user:[domainname\]username][[/delete] | [/persistent:{yes | no}]]

参数说明：

- 键入不带参数的 Net use：列出网络连接。
- devicename：指定要连接到的资源名称或要断开的设备名称。
- \\computername\sharename：服务器及共享资源的名称。
- password：访问共享资源的密码。
- *：提示键入密码。
- /user：指定进行连接的另外一个用户。
- domainname：指定另一个域。
- username：指定登录的用户名。
- /delete：取消指定网络连接。
- /persistent：控制永久网络连接的使用。

例如，Net use F:\\GHQ\TEMP：将 \\GHQ\TEMP 目录建立为 F 盘。Net use F:\GHQ\TEMP/delete：将 F 盘断开网络连接。

(4) Net Time。

作用：使计算机的时钟与另一台计算机或域的时钟同步。

命令格式：

Net time [\\computername | /domain[:name]] [/set]

参数说明：

- \\computername：要检查或同步的服务器名。
- /domain[:name]：指定要与其时间同步的域。
- /set：使本计算机时钟与指定计算机或域的时钟同步。

(5) Net Start。

作用：启动服务或显示已启动服务的列表。

命令格式：

Net start service

(6) Net Pause。

作用：暂停正在运行的服务。

命令格式：

Net pause service

(7) Net Continue。

作用：重新激活挂起的服务。

命令格式：

Net continue service

(8) Net Stop。

作用：停止 Windows NT/2000/2003 网络服务。

命令格式：

Net stop service

下面介绍以上四条命令(命令(5)～(8))中所包含的服务：

① alerter(警报)。

② client service for Netware (Netware 客户端服务)。

③ clipbook server (剪贴簿服务器)。

④ computer browser (计算机浏览器)。

⑤ directory replicator (目录复制器)。

⑥ ftp publishing service (ftp 发行服务)。

⑦ lpdsvc(操作系统安装信息)。

⑧ Net logon (网络登录)。

⑨ Network dde (网络 dde)。

⑩ Network dde dsdm (网络 dde dsdm)。

⑪ Network monitor agent (网络监控代理)。

⑫ ole (对象链接与嵌入)。

⑬ remote access connection manager (远程访问连接管理器)。

⑭ remote access isnsap service (远程访问 isnsap 服务)。

⑮ remote access server (远程访问服务器)。

⑯ remote procedure call (rpc) locator (远程过程调用定位器)。

⑰ remote procedure call (rpc) service (远程过程调用服务)。

⑱ schedule (调度)。

⑲ server (服务器)。

⑳ simple tcp/ip services (简单的 TCP/IP 服务)。

㉑ snmp (网络管理协议)。

㉒ spooler (后台打印程序)。

㉓ tcp/ip Netbios helper (TCP/IP NetBIOS 辅助工具)。

㉔ ups (电源)。

㉕ workstation (工作站)。

㉖ messenger (信使)。

㉗ dhcp client (dhcp 客户)。

(9) Net Statistics。

作用：显示本地工作站或服务器服务的统计记录。

命令格式：

Net statistics [workstation | server]

参数说明：

• 键入不带参数的 Net statistics：列出其统计信息可用的运行服务。

• workstation：显示本地工作站服务的统计信息。

- server：显示本地服务器服务的统计信息。

例如，Net statistics server | more：显示服务器服务的统计信息。

(10) Net Share。

作用：创建、删除或显示共享资源。

命令格式：

    Net share sharename=drive:path [/users:number | /unlimited] [/remark:"text"]

参数说明：

- 键入不带参数的 Net share：显示本地计算机上所有共享资源的信息。
- sharename：共享资源的网络名称。
- drive:path：指定共享目录的绝对路径。
- /users:number：设置可同时访问共享资源的最大用户数。
- /unlimited：不限制同时访问共享资源的用户数。
- /remark:"text"：添加关于资源的注释，注释文字用双引号。

例如，Net share yesky=c:\temp /remark:"my first share"：以 yesky 为共享名共享。C:\temp Net share yesky /delete：停止共享 yesky 目录。

(11) Net Session。

作用：列出或断开本地计算机和与之连接的客户端的会话。

命令格式：

    Net session [\\computername] [/delete]

参数说明：

- 键入不带参数的 Net session：显示所有与本地计算机的会话的信息。
- \\computername：标识要列出或断开会话的计算机。
- /delete：结束与"\\computername"计算机会话并关闭本次会话期间计算机打开的所有文件。如果省略\computername 参数，将取消与本地计算机的所有会话。

例如，Net session \\GHQ：要显示计算机名为 GHQ 的客户端会话信息列表。

(12) Net Send。

作用：向网络的其他用户、计算机或通信名发送消息。

命令格式：

    Net send {name | * | /domain[:name] | /users} message

参数说明：

- name：接收发送消息的用户名、计算机名或通信名。
- *：将消息发送到组中所有名称。
- /domain[:name]：将消息发送到计算机域中的所有名称。
- /users：将消息发送到与服务器连接的所有用户。
- message：作为消息发送的文本。

例如，Net send /users server will shutdown in 10 minutes：给所有连接到服务器的用户发送消息。

(13) Net Print。

作用：显示或控制打印作业及打印队列。

命令格式：

    Net print [\\computername ] job# [/hold | /release | /delete]

参数说明：

- computername：共享打印机队列的计算机名。
- job#：在打印机队列中分配给打印作业的标识号。
- /hold：使用"job#"时，在打印机队列中使打印作业等待。
- /release：释放保留的打印作业。
- /delete：从打印机队列中删除打印作业。

例如，Net print \\GHQ\HP8000：列出"\\GHQ"计算机上 HP8000 打印机队列的目录。

(14) Net Name。

作用：添加或删除消息名(有时也称别名)或显示计算机接收消息的名称。

# 3.4 小 结

通过本次实验，在学会制作传输介质，建立简单的对等网的基础上，掌握用相关的网络命令来获取网络信息和控制网络。其具体包括 Ping 命令、IPconfig 命令、Tracert 命令、ARP 命令、Nbtstat 命令、Net 命令的使用原理和基本操作。

# 实验 4  IP 地址和子网划分设计

## 4.1  实 验 目 的

(1) 掌握子网划分的方法和子网掩码的设置。
(2) 理解 IP 协议与 MAC 地址的关系。
(3) 熟悉 ARP 命令的使用：arp [–d]、[-a]。

## 4.2  实 验 环 境

PC 机和交换机。

## 4.3  实 验 原 理

### 1. 划分子网的原因

20 世纪 70 年代初期，建立 Internet 的工程师们并未意识到计算机和通信在未来的迅猛发展。局域网和个人电脑的发明对未来的网络产生了巨大的冲击。开发者们依据他们当时的环境，并根据当时对网络的理解建立了逻辑地址分配策略。他们知道要有一个逻辑地址管理策略，并认为 32 位的地址已足够使用。为了给不同规模的网络提供必要的灵活性，IP 地址的设计者将 IP 地址空间划分为 5 个不同的地址类别，如表 4-1 所示，其中 A 类、B 类、C 类最为常用。

表 4-1  IP 地址的分类

| A 类 | 0～127 | 0 | 8 位 | 24 位 |
|------|--------|-----|--------|--------|
| B 类 | 128～191 | 10 | 16 位 | 16 位 |
| C 类 | 192～223 | 110 | 24 位 | 8 位 |
| D 类 | 224～239 | 1110 | 组播地址 | |
| E 类 | 240～255 | 1111 | 保留试验使用 | |

从当时的情况来看，32 位的地址空间确实足够大，能够提供 $2^{32}$(4 294 967 296，约为 43 亿)个独立的地址。这样的地址空间在因特网早期来说几乎是无限的，于是便将 IP 地址根据申请按类别分配给某个组织或公司，而很少考虑是否真的需要这么多个地址空间，没有

考虑到IPv4地址空间最终会被用尽。但是在实际网络规划中，对于A、B类地址，很少有这么大规模的公司能够使用，而C类地址所容纳的主机数又相对太少。因此有类别的IP地址并不利于有效地分配有限的地址空间，不适用于网络规划。

**2. 划分子网的方法**

为了提高IP地址的使用效率，引入了子网的概念。将一个网络划分为子网的方法是：采用借位的方式，从主机位最高位开始借位变为新的子网位，所剩余的部分则仍为主机位。这使得IP地址的结构分为三级地址结构：网络位、子网位和主机位。这种层次结构便于IP地址分配和管理。它的关键在于选择合适的层次结构——如何既能适应各种现实的物理网络规模，又能充分地利用IP地址空间(即从何处分隔子网号和主机号)。

**3. 子网掩码的作用**

简单地说，掩码用于说明子网域在一个IP地址中的位置。子网掩码主要用于说明如何进行子网的划分。掩码是由32位组成的，它很像IP地址。对于A、B、C三类IP地址来说，有缺省的固定掩码。

**4. 确定子网地址**

通过对IP地址和子网掩码进行计算，就能够确定设备所在的子网。子网掩码和IP地址一样长，由32位组成，其中，1表示在IP地址中对应的网络号和子网号对应的比特，0表示在IP地址中的主机号对应的比特。将子网掩码与IP地址逐位相"与"，得全0部分为主机号，前面非0部分为网络号。

# 4.4 实 验 步 骤

(1) 实验1的步骤如下：

① 两人一组，设置两台主机的IP地址与子网掩码如下：

A：10.2.2.2　　255.255.254.0

B：10.2.3.3　　255.255.254.0

② 两台主机均不设置缺省网关。

③ 用"arp –d"命令清除两台主机上的ARP表，然后在A与B上分别用Ping命令与对方通信，观察并记录结果，并分析原因。

④ 在两台PC上分别执行"arp –a"命令，观察并记录结果，并分析原因。

**注意**：由于主机将各自通信目标的IP地址与自己的子网掩码相"与"后，发现目标主机与自己均位于同一网段(10.2.2.0)，因此通过ARP协议获得对方的MAC地址，从而实现在同一网段内网络设备之间的双向通信。

(2) 实验2的步骤如下：

① 将A的子网掩码改为："255.255.255.0"，其他设置保持不变。

② 在两台PC上分别执行"arp –d"命令清除两台主机上的ARP表。然后在A上"Ping"B，观察并记录结果。

③ 在两台PC上分别执行"arp –a"命令，观察并记录结果，并分析原因。

注意：A 将目标设备的 IP 地址(10.2.3.3)和自己的子网掩码(255.255.255.0)相"与"得 10.2.3.0，与自己不在同一网段(A 所在网段为 10.2.2.0)，则 A 必须将该 IP 分组首先发向缺省网关。

(3) 实验 3 的步骤如下：

① 按照实验 2 的配置，接着在 B 上"Ping"A，观察并记录结果，然后分析原因。

② 在 B 上执行"arp –a"命令，观察并记录结果，然后分析原因。

注意：B 将目标设备的 IP 地址(10.2.2.2)和自己的子网掩码(255.255.254.0)相"与"，发现目标主机与自己均位于同一网段(10.2.2.0)，因此，B 通过 ARP 协议获得 A 的 MAC 地址，并可以正确地向 A 发送 Echo Request 报文。但由于 A 不能向 B 正确地发回 Echo Reply 报文，故 B 上显示"Ping"的结果为"请求超时"。

在该实验操作中，通过观察 A 与 B 的 ARP 表的变化，可以验证：在一次 ARP 的请求与响应过程中，通信双方就可以获知对方的 MAC 地址与 IP 地址的对应关系，并保存在各自的 ARP 表中。

(4) 问题思考。

① 分别叙述各实验的记录结果并分析其原因。

② 画出 C 类地址的子网划分选择表。

③ 192.168.181.0，255.255.255.0 和 192.168.182.0，255.255.255.0 两个网络是否可以通过向左移动一位子网掩码进行合并？

④ 192.168.156.0、192.168.157.0、192.168.158.0、192.168.159.0 这四个 C 类网络是否可以通将子网掩码向左移动两位进行合并？

# 4.5  小    结

通过本次实验，掌握 IP 地址的设置和子网划分的方法，学会如何使用 ARP 命令查看和管理本机的路由表。

# 实验 5  Windows 2003 Server 综合实验

## 5.1  实验目的

(1) 根据实验的目标和要求画出网络拓扑图，查找 IP 地址，制订域名规划，提出各种服务器配置方案。

(2) 熟练掌握 VMware Workstation 虚拟机的操作，安装 Windows 2003 Server 以及实验所需要的相关服务组件。

(3) 掌握 Web 服务器、FTP 服务器、DNS 服务器、电子邮件服务器的配置使用。

(4) 掌握服务器发布的方法，客户机通过域名访问 Web 资源、FTP 资源，收发电子邮件。

## 5.2  实验环境

实验分两人一组进行，每组每人分配一台 PC、一张 Windows 2003 Server 安装光盘。

## 5.3  实验要求

每位同学成立了自己的公司，现在要在公司内部安装 Windows 2003 Server，用自己的姓名拼音作为域名，发布自己公司的网站，建立内部的 FTP、电子邮件等服务，可以通过域名访问网站和实现各种服务。

## 5.4  实验步骤

### 1. 在虚拟机上安装 Windows 2003 Server

(1) 打开计算机，启动 VMware Workstation 虚拟机，选择"New Virtual Machine"，进入安装向导(Wizard)。

(2) 选择"Typical"典型模式，再选择"Installdisc imagefile"(ISO 文件)，从镜像文件中安装，点击"浏览(Browse)"按钮，选择"E:\windows2003\YLMF_2K3SP2_Y1.0.iso 文件"，再选择"Other"，在"Version"中选择"Other"，下一步在"name"处填写虚拟机的名称(用自己的学号，注意不要使用中文。)，在"location"处填写"E:\windows2003"，下一步在

"size"中选择默认的"8.0G",点击"完成(Finish)"按钮完成虚拟机的设置。

(3) 虚拟机启动后会出现安装画面,选择"2"来安装 Win2003 SP2 with SATA,并在 C 盘上安装系统。磁盘格式选择"NTFS"。

(4) 文件复制结束虚拟机将重新启动。

(5) 重新启动后开始自动检测和安装设备(以下过程全部自动完成)。在一个区域设置界面中,选择"下一步"后输入姓名、单位以及序列号等数据。在随后的界面中选择"授权模式",再选择"每服务器",设置"同时连接数"为"1000"。在下一个界面中输入计算机名和系统管理员密码。选择需要安装的网络组件,在"网络服务"界面中选择"动态主机配置协议"及"时间和日期配置";在"网络设置"界面中选择"典型设置";在"工作组或计算机域"界面中选择"工作组模式"。

(6) 安装成功后出现登录界面,用户使用默认的 Administrator(账号名),密码为空,点击"确定"按钮后进入 Windows 2003 Server。

### 2. 设置 DHCP 服务

(1) 每组选一台计算机运行 Windows 2003 Server,并在其上配置 DHCP 服务,其余计算机运行其他的 Windows 操作系统,作为 DHCP Client。

(2) 在 Windows 2003 Server 中选择"开始"→"程序"→"管理工具"→"DHCP"选项,打开"DHCP 管理器"对话框。

(3) 在计算机名上单击鼠标右键,在快捷菜单中选择"新建作用域"。

(4) 根据设置向导完成 DHCP 服务的配置。

(5) 打开实验组其他计算机的"TCP/IP 属性"对话框,选择"自动获得 IP 地址",并重新启动计算机。

(6) 用 ipconfig 查看获得的 IP 地址。

### 3. 设置 Web 服务

(1) 规划组内计算机的域名,如"www.yinxiangdong.com",做好域名解析。

(2) 在计算机上安装 IIS(互联网信息服务)。进入"控制面板",依次选择"添加/删除程序"→"添加/删除 Windows 组件",选择"Internet 信息服务(IIS)",然后单击"详细信息"按钮,在弹出的窗口中选择要添加的服务(如 Web、FTP、NNTP 和 SMTP 等),再单击"下一步"按钮,完成安装。

(3) 建立第一个 Web 站点。选择"开始"→"程序"→"管理工具"→"Internet 服务管理器",打开 IIS 管理器,对于有"已停止"字样的服务,均在其上单击鼠标右键,选择"启动"来开启。

例如,本机的 IP 地址为"192.168.226.128",用户自己的网页文件放在"C:\myweb"目录下,网页的首页文件名为"Index.htm",现在根据这些建立一个用户自己的 Web 服务器。

对于此 Web 站点,可以用现有的"默认 Web 站点"来做相应的修改来实现。请先在"默认 Web 站点"上单击鼠标右键,选择"属性",进入名为"默认 Web 站点属性"的设置界面。

① 修改绑定的 IP 地址:转到"Web 站点"窗口,再在"IP 地址"选项后的下拉菜单

中选择所需用到的本机 IP 地址"192.168.226.128"。

② 修改主目录：转到"主目录"窗口，再在"本地路径"输入(或按"浏览"按钮进行选择)用户自己网页所在的目录"E:\myweb"。

③ 添加首页文件名：转到"文档"窗口，再单击"添加"按钮，根据提示在"默认文档名"后输入用户自己网页的首页文件名"Index.htm"。

④ 测试：打开 IE 浏览器，在地址栏输入"192.168.226.128"或者计算机 A 的域名，再按回车键。如果此时可以调出用户自己网页的首页，则说明设置成功。

(4) 添加虚拟目录。

例如，主目录在"C:\myweb"目录下，输入"192.168.226.128/test"的访问格式就可调出"C:\myweb"中的网页文件，这其中的"test"就是虚拟目录。在"默认 Web 站点"处单击鼠标右键，选择"新建"→"虚拟目录"，依次在"别名"处输入"test"，在"目录"处输入"C:\myweb"后再按提示操作即可添加成功。

(5) 添加更多的 Web 站点。

① 多个 IP 对应多个 Web 站点。如果本机已绑定了多个 IP 地址，想利用不同的 IP 地址获取不同的 Web 页面，则只需在"默认 Web 站点"处单击鼠标右键，选择"新建"→"站点"，然后根据提示在"说明"处输入任意用于说明它的内容(如为"我的第二个 Web 站点")及在"输入 Web 站点使用的 IP 地址"的下拉菜单中选中需给它绑定的 IP 地址即可。当建立好此 Web 站点之后，再进行相应设置。例如，利用本机的两块网卡的不同的 IP 地址，可以分别设置 Web 站点。

② 一个 IP 地址对应多个 Web 站点。当按步骤(1)~(4)的方法建立好所有的 Web 站点后，对于做虚拟主机，可以通过给各 Web 站点设不同的端口号来实现。例如，把一个 Web 站点的端口号分别设为"80"、"81"、"82"，则对于端口号是"80"的 Web 站点，访问格式仍然直接使用 IP 地址就可以了。而对于绑定其他端口号的 Web 站点，访问时必须在 IP 地址后面加上相应的端口号，使用如"http:// 192.168.226.128:81"的访问格式。

显然，改了端口号之后使用起来较麻烦。如果用户已在 DNS 服务器中将所有需要的域名都已经映射到此唯一的 IP 地址，采用设置不同"主机头名"的方法，可以让用户直接用域名来实现对不同 Web 站点的访问。

例如，本机只有一个 IP 地址为"192.168.226.128"，已经建立(或设置)好了两个 Web 站点：一个是"默认 Web 站点"；另一个是"我的第二个 Web 站点"。要输入"www.yinxiangdong.com"可直接访问前者；输入"www.yxd.com"可直接访问后者。其操作步骤如下：

A. 请确保已先在 DNS 服务器中将这两个域名都映射到了已有的那个 IP 地址；并确保所有的 Web 站点的端口号均保持为"80"这个默认值。

B. 依次选择在"默认 Web 站点"处单击鼠标右键选择"属性"→"Web 站点"，按"IP 地址"右侧的"高级"按钮，在"此站点有多个标识下"双击已有的那个 IP 地址(或单击选中它后再按"编辑"按钮)，然后在"主机头名"中输入"www.yinxiangdong.com"，再按"确定"按钮保存退出。

C. 接着按步骤(2)的方法为"我的第二个 Web 站点"设好新的主机头名为"www.yxd.com"

即可。

D. 最后，打开 IE 浏览器，在地址栏输入不同的网址，就可以调出不同 Web 站点的内容了。

③ 多个域名对应同个 Web 站点。只需先将某个 IP 地址绑定到 Web 站点上，再在 DNS 服务器中，将所需域名全部映射到这个 IP 地址，则在浏览器中输入任何一个域名，都会直接得到已设置好的网站的内容。

④ 分别用浏览器验证以上各种 IIS 设置。

(6) 对 IIS 的远程管理。

① 在"管理 Web 站点"处单击鼠标右键，选择"属性"，再进入"Web 站点"窗口，选择"IP 地址"。

② 转到"目录安全性"窗口，按"IP 地址及域名限制"选项下的"编辑"按钮，选中"授权访问"，使得接受客户端从本机以外的地方对 IIS 进行管理，最后单击"确定"按钮。

③ 在任意计算机的浏览器中输入如"http:// 192.168.226.128:3598"(3598 为其端口号)后，将会出现一个"密码询问"窗口，输入管理员账号名(Administrator)和相应密码之后就可登录成功，现在就可以在浏览器中对 IIS 进行远程管理了。其管理范围主要包括对 Web 站点和 FTP 站点进行新建、修改、启动、停止和删除等操作。

### 4. FTP 服务

第一个 FTP 站点(即"默认 FTP 站点")的设置方法和更多 FTP 站点的建立方法请参照上文"设置 Web 服务"中的相关操作执行。需要注意的是，如果要用一个 IP 地址对应多个不同的 FTP 服务器，则只能用使用不同的端口号的方法来实现，而不支持"主机头名"的做法。

对于已建立好的 FTP 服务器，在浏览器中访问将使用如"ftp://IP 地址或域名"或"ftp://IP 地址或域名:22"的格式。除了匿名访问用户(Anonymous)外，IIS 中的 FTP 将使用 Windows 2003 自带的用户库来管理。

### 5. DNS 服务

(1) 根据自己公司的名称配置好各种服务器的域名，画出拓扑图和地址分配表。

(2) 启动 Windows 2003 Server 服务器，关闭防火墙。通过选择桌面上的"开始"→"程序"→"管理工具"→"DNS"，进入 DNS 管理与配置界面。

(3) 右击"DNS"选项，在弹出的菜单中执行"连接到这台计算机"命令，选择"这台计算机"，单击"确定"按钮。展开"DNS"选项，右击"正向搜索区域"选项，在弹出的菜单中执行"新建区域"命令，选择"标准主要区域"，创建区域"yinxiangdong.com"。

(4) 右击"DNS"选项的"树"中的区域"yinxiangdong.com"，在弹出的菜单中执行"新建主机"命令，系统将显示"新建主机"对话框，输入位于区域"yinxiangdong.com"下的主机名"www"与其对应的 IP 地址"192.168.226.128"，单击"添加主机"按钮，该主机的名字、对象类型及 IP 地址就显示在"DNS 管理"窗口中。

(5) 右击区域"yinxiangdong.com"，选择"新建域"命令，在"新建域"对话框出现后，输入"news"，单击"确定"按钮，"news"将显示在区域"yinxiangdong.com"之下。

(6) 同步骤(5)一样，新建区域为"computer"，单击"确定"按钮。

(7) 配置测试主机。

启动测试主机，在 Windows XP 的桌面上右击"网上邻居"→选择"属性"，右击"本地连接"→选择"属性"，双击"Internet 协议(TCP/IP)"选项，在"首选 DNS 服务器"中添加服务器 IP 地址"192.168.226.128"。在"备用 DNS 服务器"中不填写内容。单击"确定"按钮，在系统返回"本地连接属性"对话框后，再次单击"确定"按钮，完成测试主机的配置工作。

(8) 在浏览器中使用域名访问 Web 服务和 FTP 服务。

## 5.4 实 验 报 告

(1) 按照综合设计实验报告的格式，两人一组，共同完成实验报告。

(2) 实验时间为 3 周，每周 2 个课时，每次实验时请记录实验数据，请在第四周提交实验报告。

(3) 画出你们分组中网络网站的拓扑结构、IP 地址、域名规划。

(4) 请详细记录实验过程和数据。

(5) 请说明自己的配置方案和分析总结。

## 5.5 扩展问题与解答

(1) 在输入网址时，加"http://"和不加"http://"有什么不同？

**答：** 没有加"http://"的网址，说明其可加可不加；而加了"http://"的网址，则说明它必不可少。对于带端口号的网址则必须加；否则可省略。

(2) 设置好了一个 Web 服务器，但是当访问网页时，却出现"密码提示"窗口。这是为什么？

**答：** 访问 Web 站点时，出现"密码提示"窗口，一般来说有以下一些原因：

① 所访问的网页文件本身加密了。例如，在对"默认 Web 站点"原主目录"E:\Inetpub\wwwroot"下的首页文件"iisstart.asp"访问时就需要密码。

② 没有设置允许匿名访问或做了不应该的改动。首先应确保已勾选"匿名访问"这一项；其次，在"编辑"选项下的"匿名用户账号"中"用户名"一项应为"IUSR_NODISK"(其中"NODISK"为计算机名)；另外，还需要勾选"允许 IIS 控制密码"一项。

③ 目标目录被限制了访问权限。此项仅当该目录位于 NTFS 格式分区中时才可能出现。请在其上单击鼠标右键，选择"属性"，再进入"安全"窗口，看列表中是否是默认的允许"Everyone"组完全控制的状态；如不是，则要改回。

(3) 如何修改 FTP 服务器登录成功或退出时的系统提示信息？

**答：** 在相应的 FTP 站点上单击鼠标右键，选择"属性"，再转到"消息"窗口。在"欢迎"处输入登录成功之后的欢迎信息及在"退出"处输入用户退出时的欢送信息即可。

# 5.6 小 结

通过本次实验，掌握 VMware Workstation 虚拟机的操作方法；在虚拟机中安装 Windows 2003 Server 等操作系统及实验所需要的相关服务组件的操作方法；配置 Web 服务器、FTP 服务器、DNS 服务器、电子邮件服务器的方法；各类服务器发布的方法；客户机通过域名访问 Web 资源、FTP 资源、收发电子邮件的方法。

# 实验 6 Sniffer 网络协议监控实验

## 6.1 实 验 目 的

(1) 掌握 Sniffer 软件监控设置和使用方法。
(2) 理解几种网络协议的工作原理。

## 6.2 实 验 环 境

PC 机、交换机、网线若干。

## 6.3 实 验 要 求

(1) 两人一组，每人分配一台 PC。
(2) 捕获两台 PC 之间的数据包。
(3) 对数据包进行解码，并进行协议分析。

## 6.4 实 验 原 理

Sniffer 软件是 NAI 公司开发的功能强大的协议分析软件，它可以捕获各种网络协议数据包进行解码、译码和详细分析；可以检测网络流量并进行分析；可以实时监控网络活动，可以收集网络利用率和错误；可以利用专家分析系统诊断问题；可以提供图形以确切地指出网络中哪里正出现严重的业务拥塞。

在正常的情况下，一个网络接口应该只响应以下两种数据帧：

(1) 与自己的硬件地址相匹配的数据帧。
(2) 发向所有机器的广播数据帧。

对于网卡来说一般有以下四种接收模式：

(1) 广播方式：在该模式下的网卡能够接收网络中的广播信息。
(2) 组播方式：设置在该模式下的网卡能够接收组播数据。
(3) 直接方式：在这种模式下，只有目的网卡才能接收该数据。
(4) 混杂模式：在这种模式下的网卡能够接收一切通过它的数据，而不管该数据是否是传给它的。

然而在以太网中是基于广播方式传送数据的。也就是说，所有的物理信号都要经过网卡，网卡可以置于一种被称为混杂(Promiscuous)的模式，在这种模式下工作的网卡能够接收到一切通过它的数据，而不管实际上数据的目的地址是不是这个网卡。这实际上就是Sniffer软件工作的基本原理：让网卡接收一切其所能接收的数据。

## 6.5 实 验 步 骤

### 1. 用 Sniffer 软件监控网络

(1) 监视器→主机列表。图 6-1 为主机列表示意图。

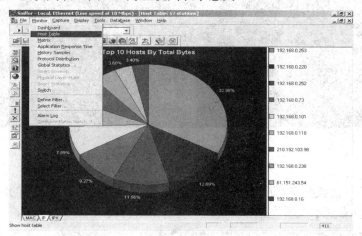

图 6-1  主机列表示意图

图 6-1 中以 IP 地址为测量基准，用不同颜色的区块代表了同一网段内与主机相连接的通信量的多少。

(2) 监视器→矩阵。图 6-2 为活跃状态的点对点连接示意图。

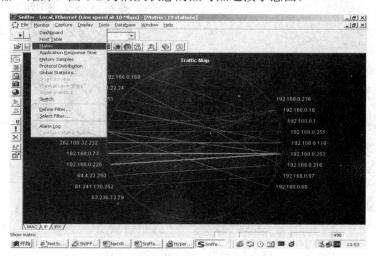

图 6-2  活跃状态的点对点连接示意图

图 6-2 中的各点连线表明了当前处于活跃状态的点对点连接，也可通过将鼠标放在 IP 地址上点击右键来显示选择节点，查看特定的点对多点的网络连接。图 6-3 表示出了与 192.168.0.250 相连接的 IP 地址，即一点对多点的网络连接示意图。

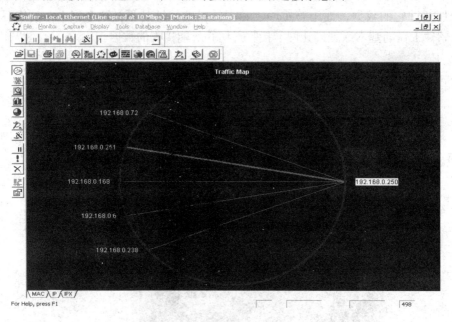

图 6-3　一点对多点的网络连接示意图

(3) 监视器→协议分布。通过协议分布操作，可以查看如图 6-4 所示的网络协议分布状态示意图，可以看到不同颜色的区块代表不同的网络协议。

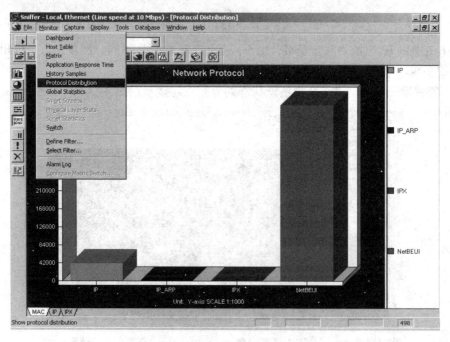

图 6-4　网络协议分布状态示意图

（4）监视器→仪表板。通过仪表板的操作，可以看到如图 6-5 所示的各项网络性能指标示意图，其包括利用率、传输速度、错误率。

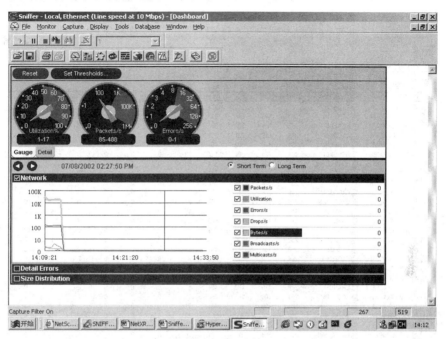

图 6-5　各项网络性能指标示意图

（5）监视器→包分布。通过包分布操作，可以查看如图 6-6 所示的网络上传输包的大小比例分配示意图。

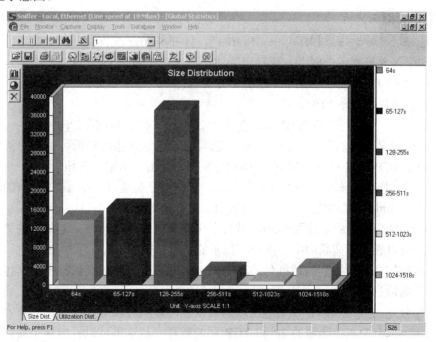

图 6-6　网络上传输包的大小比例分配示意图

(6) 监视器→应用响应速度。通过点击"应用响应速度"选项，可以看到如图 6-7 所示的局域网通信与响应速度列表示意图。其显示了将本地网段的机器名以 NetBIOS 名称的形式解析出来。

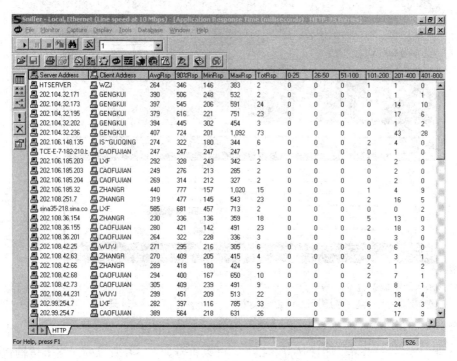

图 6-7　局域网通信与响应速度列表示意图

## 2. 包的抓取与分析

(1) 选择"开始"→"程序"→"Sniffer"，打开 Sniffer 软件。

(2) 如果计算机有多个网卡，选择已经连接正在工作的网卡。

(3) 在主窗口的"捕获"菜单中选择"定义过滤器"→"地址"：

① 地址类型处选择"IP"。

② 在位置 1 处填写本机的 IP(A)；在位置 2 处填写本机旁边的 IP(B)。

(4) 在"定义过滤器"中选择"高级"选项，勾选想要捕获分析可用到的协议类型，如 IP-ICMP、TCP-DNS-HTTP-TCP、UDP-DNS 等，点击"确定"按钮。

(5) 点击"捕获"菜单中的"开始"按钮，开始捕获位置 1 与位置 2 之间的协议数据包，此时在"cmd"窗口中输入命令："Ping [位置 2 的 IP 地址]"。

(6) Ping 命令结束后，返回 Sniffer 软件的主窗口，点击"捕获"菜单中的"停止并显示"选项，可以看到所捕获的第一部分，显示的是所监控的 IP(A)与 IP(B)主机间的应用层的协议，对监控之后所得到的数据包的总结以及有效数据包的长度和整个数据包的长度、确认序列号的信息。

第二部分是对应第一部分中灰色区域的数据包内容从协议上进行分析的内容，其所显示的是对第一部分中灰色区域的 IP 和 TCP 层的解释。从这里可以看出这个捕获到的数据包的组成以及数据包使用的端口、状态、时间等许多信息，用鼠标拉动滚动条可以看到更详细的对以太帧和应用层的解释。

第三部分是这次捕获的数据包的内容，能看到的是十六进制的一种表示和 ASCII 的两种显示形式。即左边部分是用十六进制表示的包中每一个数据的位置，中间部分是用十六进制表示的被截获的数据包中的内容，右边部分则是 ASCII 显示形式。

## 6.6　问题思考与解答

(1) 地址类型处选择"IP"。选择模式时如果选包括，其结果会怎样？

答：Sniffer 软件在捕获时就会只对在 Station1 中和 Station2 中所列的节点包进行捕获。选择除外则恰恰相反。也就是说，它在捕获时会过滤掉 Station1 和 Station2 中所涉及的地址数据包。

(2) 如果想要观察主机一段时间所有的网络状况，应该怎么操作？

答：在 Station1、Station2 以及 DIR 的设置中，可以指定地址对，而所要截获的是与目标主机连接的所有主机，也就是说，其中的 Any 代表的是任何主机的意思。至于 DIR 的设置，则是要选择所捕获的目标主机与其连接主机之间的信息流向，这里选择互流，即要截获的是与之所连接的所有主机流向它的信息数据。

## 6.7　小　　结

通过本次实验，掌握 Sniffer 软件的基本原理和操作，学习使用 Sniffer 软件抓取网络通信中的数据包，通过分析数据包来分析各层次的协议，了解数据帧、IP 包、TCP 包、UDP 包以及 HTTP、FTP 等应用层协议的结构。

# 实验 7  交换机简介及其配置

## 7.1 实 验 目 的

(1) 熟悉交换机的结构，了解交换机的工作原理。

(2) 充分理解交换机的管理方式。

(3) 掌握交换机的配置方式及基本配置，能独立完成思科、锐捷等网络设备的基本配置。

## 7.2 实 验 内 容

以 Cisco 2950(或 RG-2126G)为例，通过超级终端、Telnet 等方式对交换机进行管理，配置交换机的 IP 地址、设置管理密码、交换机名称等基本信息，掌握交换机各种模式之间灵活切换的方法。

## 7.3 实 验 原 理

### 1. 交换机简介

交换机(Switch)工作在 OSI 参考模型的第二层，即数据链路层。其主要功能包括快速转发、接入、错误校验、帧序列以及流程控制。随网络技术的发展，目前使用的交换机还具有 VLAN 支持、链路汇聚、端口镜像、远程管理等新的功能。

交换机的结构如图 7-1 所示。从外观上看，交换机与集线器类似，具有多个端口，每个端口可连接一台计算机或其他网络设备。但它们的工作方式不同，集线器是共享传输介质，同时有多个端口传输数据时会发生冲突；而交换机内部采用背板总线交换结构，为每个端口提供独立的共享介质，每个端口就是一个冲突域。

以太网交换机在数据链路层进行数据转发时，读取数据帧中的 MAC(Media Access Control)地址信息，根据数据帧中的 MAC 地址进行数据转发。任何交换机出厂时，它的 MAC 地址表为空，其加电后的工作步骤如下：

(1) 在进行数据交换的过程中，交换机从某个端口收到一个数据帧并读取帧头中的源 MAC 地址，记录源 MAC 地址与端口的对应关系，并写入 MAC 地址表中。

(2) 交换机分析收到数据帧的帧头中的目的 MAC，在地址表中查找相应的端口。如果该表中有与此 MAC 地址对应的端口，则把数据包复制到该端口上；如果该表中找不到相应的端口，则把数据包广播到所有的端口上。当目的机器对源机器回应时，把回应的数据帧的源 MAC 地址与相应端口的对应关系记录在 MAC 地址表中，以便下次查询。

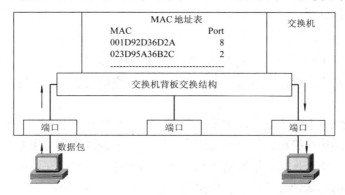

图 7-1　交换机的结构

### 2. 常用交换技术

(1) 端口交换。端口交换技术最早出现于插槽式集线器中。这类集线器的背板通常划分有多个以太网网段(每个网段为一个广播域)，各网段之间互不相通，需通过网桥或路由器相连。以太网模块插入后通常被分配到某个背板网段上，端口交换适用于将以太网模块的端口在背板的多个网段之间进行分配。这样网络管理人员可根据网络的负载情况，将用户在不同网段之间进行分配。这种交换在 OSI 第一层(物理层)上完成，它并没有改变共享传输介质的特点。

(2) 帧交换。帧交换技术是目前应用最广泛的局域网交换技术之一，它通过对传统传输媒介进行微分段，提供并行传送的机制，减少网络的碰撞冲突域，从而获得较高的带宽。不同厂商的产品实现帧交换技术均有差异，但对网络帧的处理方式一般有存储转发式和直通式两种：

① 存储转发式(Store-and-Forward)。当一个数据包以存储转发式进入交换机时，交换机将读取足够的信息，不仅能决定哪个端口将被用来发送该数据包，而且还能决定是否发送该数据包。这样就能有效地排除那些有缺陷的网络段，对被读取帧进行校验和控制。

② 直通式(Cut-Through)。当一个数据包以直通式进入交换机时，它的地址将被读取。不管该数据包是否为错误的格式，它都将被发送。

(3) 信元交换。信元交换的基本思想是采用固定长度(53 字节)的信元进行交换，由于是固定长度，因而便于用硬件实现交换，从而大大提高交换速度，尤其适合语音、视频等多媒体信号的有效传输。ATM(异步传输模式)的带宽可达到 25 兆字节、155 兆字节、622 兆字节甚至几吉字节。目前，信元交换的实际应用标准是 ATM，但是 ATM 设备的造价较为昂贵，在局域网中的应用已经逐步被以太网的帧交换技术所取代。

### 3. 管理方法

交换机的管理方法是针对可网管交换机，对可网管交换机的管理方法有带外管理(Out-Of-Band)和带内管理(In-Band)两种，分述如下：

(1) 带外管理。通过不同的物理通道传送管理控制信息和数据信息，两者完全独立，互不影响。如 Console 接口，就是用一条 9 芯串口线缆把 PC 机与交换机的串行口(Console 接口)连接起来，这种方式数据只在交换机和管理计算机之间传递，安全性高。

(2) 带内管理。控制信息与数据信息使用统一物理通道进行传送，可通过 HTTP、Telnet、SNMP 等网管软件及协议进行远程控制。其最大缺陷是当网络出现故障中断时，数据传输和管理都无法正常进行。

### 4. 交换机分类

交换机是个庞大的家族，从几十元的家用桌面型交换机到几百万元的骨干网交换机，不同的交换机其结构、性能、价格、配置都不相同。交换机的分类标准多种多样，常见的有以下几种：

(1) 按端口结构进行分类。通过端口结构分类，可分为固定端口交换机、模块化端口交换机和线路卡结构交换机。一般低端的交换机为了节约成本和使用方便，都将端口固化在交换机上；模块化交换机能够有利于设备端口的替换、升级；在较高级别的交换机上一般采用线路卡结构，这种交换机具有性能高、可扩展性强的特点。

(2) 按管理功能进行分类。通过管理功能分类，交换机可分为可网管交换机和非网管交换机。一般低端的交换机成本较低，使用简单，不具备管理功能，使用时只需要接通电源，连接网线即可工作。这种交换机在家庭局域网和小型办公环境中使用较多。

不同的可网管交换机，其样式和性能有很大差别。低端的可网管交换机只是能够简单地查看状态，而高端的可网管交换机命令结构非常复杂。一般具有管理功能的交换机像路由器一样可以通过控制台和远程登录等方式连接对交换机进行配置，同时也支持 SNMP 等网络管理协议。

(3) 按是否具备 VLAN 功能进行分类。通过是否具备 VLAN 功能分类，交换机可分为不支持 VLAN 功能交换机和支持 VLAN 功能交换机。一般功能简单的低端交换机不支持VLAN 功能，无法在交换机上划分 VLAN；中高端交换机均支持 VLAN 功能，可以根据实际网络需求划分 VLAN，有些还具有 VLAN 之间的路由功能，即三层交换技术。

(4) 按工作层次进行分类。通过设备工作层次分类，交换机可分为二层交换机、三层交换机和多层交换机。传统的二层交换机工作在 OSI 参考模型的第二层(数据链路层)上，它基于 MAC 地址转发数据帧，其结构简单、功能有限、价格便宜。

三层交换机是在二层交换机的基础上整合了三层路由功能的交换机设备。它不但能基于 MAC 地址转发数据帧，还能根据数据包中的 IP 地址为数据包提供路由服务，能够将二层交换网络分割为多个广播域，从而为交换网络提供更强的扩展性和更好的性能。

在结构更复杂的网络需求中会使用多层交换机。它不但能提供三层交换机所能提供的所有功能，而且还可以控制更高层的信息数据流，例如，提取 TCP 数据包中的目的端口号及在多层交换机中对传输层以上的各层信息进行更加安全的过滤。

交换机除了上述的分类方式外还有其他的分类方法，例如，从性能划分，其可以分为高、中、低端不同类型的产品；从网络覆盖范围划分，其可分为广域网交换机、局域网交换机。其他的分类方法在此不多介绍。

## 7.4　实验环境与设备

(1) Cisco 2950 或 RG-2126G 一台、已安装超级终端的 PC 一台。

(2) Console 接口的电缆一条、双绞线一条。

(3) 每组有一位同学操作 PC，并进行设备的配置。

## 7.5 实验组网图

交换机的管理方式如图 7-2 所示。

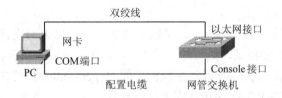

图 7-2 交换机的管理方式

## 7.6 实 验 步 骤

### 1. 通过 Console 接口配置

第一次使用交换机时，必须通过 Console 接口连接对交换机进行配置。其操作步骤如下：

(1) "COM1 属性"窗口如图 7-3 所示，建立本地配置环境，将 PC 机(或终端)的串口通过配置电缆与以太网交换机的 Console 接口相连；再将 PC 机(或终端)的 RJ-45 网络接口与交换机的任意一个 RJ-45 接口相连。

(2) 在 PC 机中运行超级终端程序，程序路径为："开始"→"程序"→"附件"→"通迅"→"超级终端"。设置终端通信参数为波特率(每秒位数)为"9600"(单位为 b/s)、数据位为"8"、奇偶校验为"无"、停止位为"1"、数据流控制为"无"，如图 7-3 所示，单击"确定"按钮进入下一步。

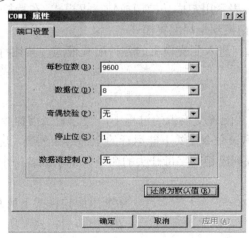

图 7-3 "COM1 属性"窗口

(3) 按要求将各电缆连接好，并保证交换机已启动。在"超级终端"窗口中按 Enter 键，进入交换机的用户视图，并出现命令提示符"Switch >"。如果交换机未启动，超级终端则会自动显示交换机启动的整个启动过程。

在交换机首次加电使用时，交换机内部没有任何用户配置，这时交换机自动进入 Setup 交互式配置模式，也可以在特权模式下随时键入"Setup"命令来进入交互式配置模式。这时用户只需简单回答系统的问题便可完成交换机的基本配置。但由于交互式方式只能配置有限数目的命令，建议按 Ctrl + C 组合键中断 Setup 交互式配置模式，采用命令行方式进行配置。

(4) 在命令提示符"Switch >"下，可输入各类命令对以太网交换机进行配置或查看交换机的运行状态。如需要帮助，则可输入"？"，屏幕上会显示当前状态下的所有命令。

上述配置过程采用 Windows 操作系统提供的 Hyperterm(超级终端)进行演示，在实际实验中，可利用 Secure CRT 等终端仿真程序进行连接。

### 2. 命令行接口

思科、锐捷等系列以太网交换机向用户提供了一系列配置命令以及命令行接口，方便用户配置和管理以太网交换机。思科产品的命令行接口使用等级结构模式，这个结构可登录到不同的模式下来完成详细的配置任务。从安全的角度考虑，Cisco IOS 软件将 EXEC(命令解释器)分为用户(User)模式和特权(Privileged)模式。

(1) 用户模式。仅允许运行基本的监测命令，在这种模式下不能改变交换机的配置。出现命令提示符"Switch >"，表示用户正处在用户模式下。

(2) 特权模式。特权模式可以运行所有的配置命令，在用户模式下访问特权模式需要密码。出现命令提示符"Switch #"，表示用户正处在特权模式下。

用户模式一般只能允许用户显示交换机的基本信息而不能改变任何设置，要想使用所有的命令，就必须进入特权模式。在特权模式下，还可以进入全局模式和其他特殊的配置模式，这些特殊模式都是全局模式的一个子集。

当交换机第一次启动成功后，会出现用户模式的命令提示符"Switch >"。从用户模式切换到特权模式需键入"Enable"命令(第一次启动交换机时不需要密码)，这时交换机的命令提示符变为"Switch #"，表示用户成功的切换到特权模式。在特权模式下，键入"Configure Terminal"命令则可成功切换到全局配置模式。

以上简单地介绍了如何进入到交换机的各种配置模式，其他特殊的配置模式都可以通过全局模式进入。

### 3. 基本配置

(1) 帮助命令。用户在配置交换机的过程中，当忘记当前命令时，可随时在命令提示符下输入"？"，即可列出该命令模式下能运行的全部命令列表，也可按 Tab 键自动补齐命令的剩余单词。用户可以列出相同字母开头的命令关键字或者每个命令的参数信息。其使用方法如下：

```
Switch> ?                    //列出用户模式下所有命令
Switch# ?                    //列出特权模式下所有命令
Switch> s?                   //列出用户模式下所有以 s 开头的命令
```

Switch# show conf <Tab>　　　　　　//自动补齐 conf 后剩余字母

Switch# show configuration ?　　　　//列出命令的下一个关联的关键字

(2) 模式的切换。其使用方法如下：

Switch>enable　　　　　　　　　　//用户模式切换到特权模式

Switch#Configure Terminal　　　　　//特权模式切换到全局模式

(3) 配置密码。交换机的密码有虚拟终端(VTY)密码和特权模式密码。VTY 线路密码控制 Telnet 到交换机的访问；特权模式密码是为保护交换机特权模式而设置的密码，即 enable password/enable secret。enable password 配置的密码是明文，而 enable secret 配置的密码是密文。在交换机的配置清单中不显示其内容，当同时配置了 enable password 和 enable secret 时，后者生效。密码的配置如表 7-1 所示。

表 7-1　密码的配置

| 说　明 | Cisco | RG |
|---|---|---|
| 配置 VTY 密码 | Switch(config)#line vty 0 15<br>Switch(config-line)#password<br>Switch(config-line)#end | Switch(config)#enable secret level \| level 015 password<br>Switch(config)#end |
| 配置特权密码 | Switch(config)#enable　password　password\|<br>enable　secret password<br>Switch(config)#end | |

命令关键字解释：

① 在 Cisco 命令中，0～15 是指用户级别，是普通用户级别，如果不指明用户的级别则缺省为 15 级(最高授权 1～15 级别)。

② 在 RG 命令中，Level 表示用户权限级别，取值为 1～15，1 是普通用户级别，如果不指明用户的级别则缺省为 15 级(最高授权级别)。在 0l5 中，0 表示不加密，5 即 RG 私有的加密算法。如果选择了加密类型，则必须输入加密后的密文形式的口令，密文的固定长度为 32 个字符。

(4) 配置系统日期时间，如表 7-2 所示。

表 7-2　配置系统日期时间

| 说　明 | Cisco | RG |
|---|---|---|
| 设置时钟 | Switch#Clock set {hh:mm:ss day month year} | Switch#clock set hh:mm:ss day month year |
| 显示时钟 | Switch#show clock | Switch#show clock |

命令关键字解释：

Hh:mm:ss day：小时(24 小时制)、分钟和秒。

day：日，范围是 1～31。

month：月，范围是 1～12，Cisco 设备为每月的英文单词，RG 设备为数字。

year：年，注意不能使用缩写。

例如，将系统时钟设置为年、月、日、时、分、秒：2009 年 8 月 6 日 15 时 20 分 58

秒，设置完后查看系统时钟。其程序如下：

  Switch# clock set 15:20:58 6 August 2009

  Switch#show clock

显示结果：

  15:21:00.643 UTC THU Aug 6 2009

该结果表示年、月、日、时、分、秒，星期四。

(5) 配置交换机名。

  Switch(config)#hostname Switchname    //交换机名为 Switchname

命令关键字解释：

Switchname 为系统名，名称必须由可打印字符组成，长度不能超过 255 个字节。

例如，配置交换机名为 lab，则有程序：

  Switch(config)#hostname lab

  lab(config)#

(6) 配置保存。

  Switch#write

  Switch#copy running-config startup-config//将 RAM 中的当前配置保存到 NVRAM 中

命令关键字解释：

Write 和 copy running-config startup-config 功能一样，只是为了保留老用户命令系统的
习惯。

(7) 查看命令。其程序如下：

  Switch#show version      //查看版本信息

  Switch#show running-config    //在特权模式下显示现行配置文件内容

  Switch>show int        //在普通模式下显示接口配置

  Switch#show Vlan       //查看 VLAN 信息

关于查看命令，在交换机系统中有多个子项，可在特权模式下输入 "show ?" 列出所
有子项。

(8) 恢复出厂设置。

方法一的程序如下：

  Switch#delete config.text      //删除配置文件 "config.text"

  Delete filename [config.text]? config.text  //确认删除配置文件文件名

设备中配置了 VLAN，在恢复时需删除 VLAN 配置文件，程序如下：

  Switch#delete vlan.dat       //删除配置文件 "vlan.dat"

  Delete filename [vlan.dat]? vlan.dat   //确认删除配置文件文件名

方法二的程序如下：

  Switch#Write erase       //清除设备配置

(9) 重启交换机。其程序如下：

  Switch#reload

  System configuration has been modified. Save? [yes/no]: yes //是否保存当前配置文件

  Building configuration…

### 4. 通过 Telnet 配置

用户通过 Console 接口已正确配置了以太网交换某个 VLAN(常指管理 VLAN,默认为 VLAN1)接口的 IP 地址(在 VLAN 接口视图下使用"ip address"命令),并已指定与终端相连的以太网端口属于该 VLAN,这时可以利用 Telnet 登录到以太网交换机,然后对以太网交换机进行配置。在通过 Telnet 登录以太网交换机之前,需要通过 Console 接口在交换机上配置登录以太网交换机的 Telnet 用户名和密码。

配置管理 IP:

```
Switch (config)#interface vlan 1                              //进入 VLAN 1 接口模式
Switch (config-if)#ip address 192.168.1.2 255.255.255.0      //为 VLAN 1 配置 IP 地址
Switch (config-if)#no shutdown                                //激活端口
Switch (config-if)#end
```

为 VLAN 1 的管理接口分配 IP 地址,管理者可通过 VLAN 1 管理交换机,设置交换机的 IP 地址为 192.168.1.2,对应的子网掩码为 255.255.255.0,通过 Exit 或 End 命令返回"Switch #"模式。

### 5. 以太网接口配置

(1) 进入以太网端口视图。命令格式:

```
interface {{fastethernet | gigabitethernet}interface-id}|
         {vlan vlan-id}
Switch(config)#interface fastEthernet 0/1                    //0 指槽位,1 指端口号
```

(2) 打开或关闭端口。其程序如下:

```
Switch(config-if)#shutdown                                   //关闭端口
Switch(config-if)#no shutdown                                //打开端口
```

(3) 对以太网端口进行描述。其程序如下:

```
Switch(config-if)# description name      //对当前端口进行描述,name 为描述内容
```

(4) 设置以太网端口工作状态。其程序如下:

```
Switch(config-if)# duplex auto | full | half
```

命令关键字解释:

全(Full)双工:全双工比半双工又进了一步。在 A 给 B 发信号的同时,B 也可以给 A 发信号。典型的例子就是电话。

半(Half)双工:半双工是指 A 能发信号给 B,B 也能发信号给 A,但这两个过程不能同时进行。典型的例子就是对讲机。

单工:单工是指 A 只能发信号,而 B 只能接收信号,通信是单向的。

自动(Auto):根据连接对端的网络设备端口的工作状态和本端口的工作状态自动协商而定,默认情况下为"自动"。

(5) 设置以太网端口速率。其程序如下:

```
Switch (config-if)# speed 10 | 100 | 1000 | auto
```

命令关键字解释:

速度单位为 Mb/s,默认情况下为 Auto,在普通的二层交换机中,只有上端口速率可为

1000 Mb/s。

(6) 设置以太网端口类型。其程序如下：

Switch(config-if)#switchport mode access | trunk       //定义端口类型

Switch(config-if)#switchport access vlan vlanid       //将当前端口加入指定 VLAN 中

Switch(config-if)#switchport trunk allowed vlan vlan-list | add | all | except | remove

命令关键字解释：

在二层交换机中，端口类型有 Access 和 Trunk 两种类型：Access 类型的端口只能属于一个 VLAN，一般用于连接计算机的端口；Trunk 类型的端口可以允许多个 VLAN 通过，可以接收和发送多个 VLAN 的报文，一般用于交换机之间需要连接的端口。以下是 Trunk 类型中的关键字。

① VLAN-list：可以使用单个(1~4094)或者一个范围(不能出现空格)。

② Add：将 VLAN 添加到允许中继运载的 VLAN 列表。

③ All：允许中继链路运载所有的 VLAN，这是一个默认值。

④ Except：除了 VLAN-list 指定的 VLAN 外，其他的 VLAN 都允许。

⑤ Remove：将 VLAN-list 指定的 VLAN 从允许列表中移除。

**6. 错误处理**

(1) 关闭域名解析。其程序如下：

Switch(config)#no ip domain lookup //关闭动态域名解析，可采用 ip domain lookup 开启

(2) 禁用通知信息。其程序如下：

Switch(config)#no debug all       //关闭所有 debug 进程，可采用 debug all 开启

# 7.7 小　结

通过本次实验，熟悉思科、锐捷交换机的基本配置命令，理解交换机的工作原理，掌握常用的交换技术和交换机的管理及配置方法。

# 实验 8　路由器简介及其配置

## 8.1　实验目的

(1) 熟悉路由器的结构、基本功能和工作原理。

(2) 了解路由器的接口及各接口的功能。

(3) 掌握路由器配置的方法及基本配置，能独立完成思科、锐捷路由器的基本配置。

## 8.2　实验内容

以 Cisco 2612(或 RG-1762)为例，通过超级终端、Telnet 等方式登录到路由器，配置 IP 地址，设置管理密码、路由器名等基本信息，掌握各种模式之间灵活切换的方法，可通过 Telnet 管理远程路由器。

## 8.3　实验原理

### 1. 简介

路由器(Router)是工作在 OSI 参考模型第三层(网络层)，用于连接多个网络或网段的网络连接设备。它的基本功能是根据目的地址选择最优路径转发数据包。随网络技术的飞速发展，路由器的功能得到了极大的扩充。目前路由器除其基本功能外还有如下功能：

(1) 连接不同类型的网络：路由器支持各种局域网和广域网接口，可以连接不同种类的网络，实现互联互通。

(2) 数据处理：提供包括数据包过滤、转发、优先级、加密、压缩和防火墙等功能。

(3) 网络管理：提供包括路由器配置管理、性能管理、容错管理的流量控制等功能。

(4) 多业务：支持 MPLS、二层 VPN 和三层 VPN 等多种新业务。

路由器的数据转发是基于路由表(Routing Table)而实现的，每台路由器都会维护一张路由表，根据路由表决定数据包的转发路径。数据包的转发流程包括线路输入、包头分析、数据存储、包头修改和线路输出。当路由器收到一个数据包后，首先对数据包进行分析和校验，对于发给路由器的数据包，路由器将交给相应模块去处理；需要转发的数据包，路由器将查询路由表后根据查询结果将数据包转发到相应的端口和网络中。路由器的结构如图 8-1 所示。

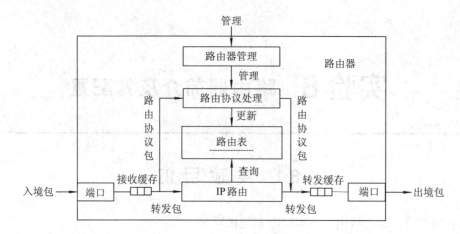

图 8-1　路由器的结构

路由表是路由器对网络拓扑结构的认识，它记录下各种传输路径的相关数据，供路由选择时使用。路由表可以由系统管理员固定设置，也可以由系统动态生成。常见的路由选择策略有静态(Static)路由和动态(Dynamic)路由两类：

(1) 静态路由不能对网络的改变做出及时的反应，当网络规模较大时，其配置将十分复杂。

(2) 动态路由是指路由器根据网络系统的运行情况而自动调整路由表。路由器根据路由选择协议(Routing Protocol)提供的功能，路由器自动学习和记忆网络运行情况，在需要时自动计算数据传输的最佳路径。常见的动态路由协议有距离矢量路由协议(RIP)、链路状态路由协议(OSPF)、边界网关协议(BGP)等。

IP 协议是无链接的，IP 数据包的发送并不指定传输路径，而是由路由器决定如何转发，因此 IP 数据包的转发一般采用步跳的方式，每次路由器转发数据包到下一个距离目的地更近的路由器。数据包的传输过程可分为三个步骤：源主机发送 IP 数据包、路由器转发数据包、目的主机接收数据包。

## 2. 路由器的硬件组成

路由器的硬件组成由中央处理器(Central Processing Unit，CPU)、主板、存储器和接口四大部分组成，以下详细介绍除接口外的其他三大硬件：

(1) 中央处理器。和普通计算机一样，路由器也包含了一个中央处理器。不同系列和型号的路由器，其 CPU 也不尽相同。随着路由并行技术的发展，一台路由器可设计多个 CPU 并行工作，负责不同事务的处理。

(2) 主板。路由器依靠主板连接各主要部件，主板上有路由器的主要电路系统。一般路由器的 CPU 都是焊接在主板上的，有些小型路由器也会将 RAM 集成在主板上，但是大多数主板还是用插槽连接内存的，这样可以较方便地进行内存的扩展。对于固化接口的路由器，接口会直接集成在主板上。

(3) 存储器。路由器有只读内存(Read-Only Memory，ROM)、随机存取内存(Random Access Memory，RAM)、非易失性 RAM(Non-volatile RAM，NVRAM)、闪存(Flash)四种不同类型的存储器，每种存储器以不同方式协助路由器工作，分述如下：

① 只读内存。路由器中 ROM 的功能与计算机中 BIOS 的功能相似，主要用于系统的初始化等。ROM 中包含系统加电自检代码(POST)，主要用于检测路由器中各硬件部分是否完好；系统引导区代码(Bootstrap)，主要用于启动路由器并载入操作系统；操作系统的备份，以便在原有操作系统被删除或破坏时使用。

② 随机存取内存。RAM 是可读/写的存储器，存储速度快，但存储的内容在系统重启或关机后将被清除。路由器中的 RAM 与计算机中的 RAM 一样，即在运行期间暂时存放操作系统和数据的存储器，让路由器能迅速地访问这些信息，RAM 的存取速度优于其他三种存储器的存取速度。

③ 非易失性 RAM(Non-Volatile RAM，NVRAM)。NVRAM 是可读/写的存储器，在系统重新启动或关机之后仍能保存数据，由于 NVRAM 仅用于保存启动配置(Startup-Config)文件，因此其容量较小，通常在路由器上只配置 32KB～128KB 大小。同时，NVRAM 的速度较快，成本也比较高。

④ 闪存。Flash 是可读/写存储器，在系统重新启动或关机之后仍能保存数据。Flash 中存放着当前正在使用的 IOS。事实上，如果 Flash 的容量足够大，甚至可以存放多个 IOS，在进行 IOS 升级时十分有用。当不知道新版 IOS 是否稳定时，可在升级后仍保留旧版 IOS，出现问题时可迅速退回到旧版操作系统，从而避免长时间的网路故障。现在很多高端路由器上的闪存都放在板卡外部的插槽中，方便管理人员进行拆装，一般路由器配置两个或两个以上闪存用来备份。

以上是路由器的四种存储器，用户在加电启动路由器时，启动过程如下：首先，系统硬件加电自检，运行 ROM 中的硬件检测程序，检测各组件能否正常工作，完成硬件检测后，开始软件初始化工作；其次，软件初始化，运行 ROM 中的 Bootstrap 程序，完成进行初步引导工作；再次，寻找并载入 IOS 系统文件，IOS 系统文件可以存放在多处，至于采用哪一个 IOS，是通过命令设置指定的；最后，IOS 装载完毕，系统在 NVRAM 中搜索已保存的 Startup-Config 文件，进行系统的配置，如果 NVRAM 中存在 Startup-Config 文件，则将该文件调入 RAM 中并逐条执行；否则，系统进入 Setup 模式，进行路由器初始配置。

**3. 接口类型**

路由器包括 Console、AUX、RJ-45、Serial 等接口，Console 接口和 AUX 接口是路由器硬件的基本组成部分，普通的路由器都必须配备这两个接口，如图 8-2 所示。

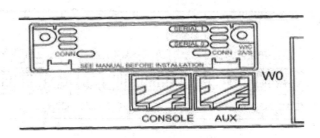

图 8-2  Console 接口与 AUX 接口

(1) 控制台(Console)接口。所有路由器都安装了控制台接口，使用户或管理员能够利用终端与路由器进行通信，完成路由器配置。该接口提供了一个 EIA/TIA-232 标准的异步串行接口，用于在本地对路由器进行配置(首次配置必须通过 Console 接口进行)。路由器的型号不同，与控制台进行连接的具体接口方式也不同，有些采用 DB-25 连接器，有些采用 RJ-45 连接器。通常，较小或中低端的路由器采用 RJ-45 连接器，而较大或高端复杂应用的路由器采用 DB-25 连接器。

(2) 辅助(AUX)接口。多数路由器配备一个辅助接口，它与控制台接口类似，提供了一个 EIA/TIA-232 标准的异步串行接口，通常用于连接 Modem 以用户或管理员对路由器进行远程管理。

(3) RJ-45 接口(如图 8-3 所示)。这是常见的双绞线以太网接口，在快速以太网中主要采用双绞线作为传输介质，因此根据接口的通信速率不同 RJ-45 接口又可分为 10 Base-T 网 RJ-45 接口和 100 Base-TX 网 RJ-45 接口两类。其中，10 Base-T 网的 RJ-45 接口在路由器中通常标识为 "ETH"，而 100 Base-TX 网的 RJ-45 接口则通常标识为 "10/100bTX"，主要用于快速以太网的路由器产品中多数采用 10/100 Mb/s 带宽的自适应接口。图 8-3(a)所示的为 10 Base-T 网 RJ-45 接口，而图 8-3(b)所示的为 10/100 Base-TX 网 RJ-45 接口。其实这两种 RJ-45 接口仅就其本身而言是完全一样的，但接口中对应的网络电路结构是不同的，所以不能随便连接。

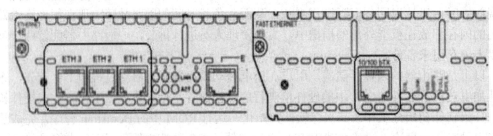

(a) 10 Base-T 网　　　　　　　　　　　(b) 10/100 Base-TX 网

图 8-3　RJ-45 接口

(4) 高速同步串口(Serial 接口)。它主要应用于广域网的连接，是广域网中应用最多的接口，这种接口主要是用于连接目前应用非常广泛的 DDN、帧中继(Frame Relay)、X.25、PSTN(模拟电话线路)等网络连接模式。在企业网之间有时也通过 DDN 或 X.25 等广域网连接技术进行专线连接。这类同步接口一般要求速率非常高。一般来说，通过这种接口所连接的网络，两端都要求实时同步。高速同步串口如图 8-4 所示。

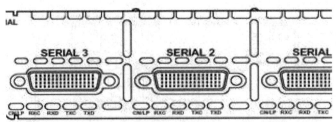

图 8-4　高速同步串口

(5) 异步串口(Async 接口)。它主要应用于 Modem 或 Modem 池的连接，使远程计算机通过公用电话网拨入网络，对设备进行管理。这种异步端口相对于同步端口来说在速率上要慢很多，因为它并不要求网络的两端保持实时同步，只要求连续即可，主要是因为这种接口所连接的通信方式速率较低。这种老式的接口在早期的路由器上使用，现在基本不再使用。异步串口如图 8-5 所示。

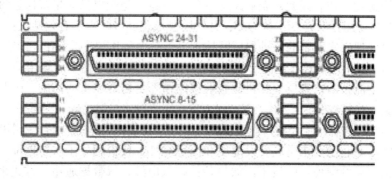

图 8-5 异步串口

(6) BRI 接口。它是 ISDN 的基本速率接口，用于 ISDN 广域网接入的连接，BRI 接口也是 RJ-45 接口。BRI 接口分为两种：U 接口和 S/T 接口。U 接口内置了 ISDN 的 NT1 设备(俗称 ISDN 的 Modem)，路由器可以不连接 ISDN 和 NT1 设备，而直接连接 ISDN 的电话线。目前使用的一般都是 S/T 接口，路由器与 ISDN 的 NT1 设备连接使用 RJ-45-RJ-45 直通线。BRI 接口如图 8-6 所示。

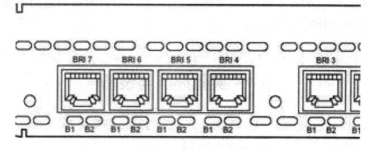

图 8-6 BRI 接口

### 4. 路由器分类

路由器是个庞大的家族，从数十元的家用微型路由器到几百万元的电信级骨干网路由器，虽然它们的原理相同，但性能却有相当大的差异。路由器的分类标准有多种，按功能分类有以下几种：

(1) 接入路由器。主要连接家庭或 ISP 运营商网内小型企业客户的 Internet 接入。接入路由器已经不只是提供 SLIP(Serial Line Internet Protocol)或 PPP 连接，还支持诸如 PPTP 和 IPSec 等虚拟私有网络协议，这些协议要能在每个端口上运行。随着网络技术的发展，ADSL 等技术将很快提高家庭用户的可用带宽，这将进一步增加接入路由器的负担。由于这些趋势，接入路由器将来需支持许多异构和高速接口，并要求在各个接口上能够运行多种协议。

(2) 企业级路由器。企业或校园网中路由器连接许多终端系统，其主要目标是考虑建网成本，以尽可能便宜的方法实现尽可能多的接口互连，并且进一步要求支持不同的服务质量控制。当前许多现有的企业网络都是由 Hub 或交换机连接起来的以太网，尽管这些设备价格便宜、易于安装、无需配置，但是它们不支持服务级别。相反，有路由器参与的网络能够将机器分成多个广播域，因而能控制网络的大小。此外，路由器还支持一定的服务等级，至少允许分成多个优先级别。但是路由器的每个接口造价昂贵，并且在正常使用前要进行大量的配置工作。因此，企业路由器的重点在于是否提供大量接口且每个接口的造价很低、是否容易配置及是否支持 QoS；另外还要求企业级路由器有效地支持广播和组播。企业网络还要处理历史遗留的各种局域网技术、支持多种协议(包括 IP、IPX 等)。它们还要支持防火墙，包括过滤、流量的管理、安全策略以及 VLAN 技术。随着以太网技术渐渐成为企业网的主流技术，三层交换机比企业级路由器更符合以上的需求，因此企业级路由器渐渐被三层交换机取代。

(3) 骨干级路由器。主要实现企业级网络的互联，用于城域网、省域网以及中小型广域网的骨干网。对它的要求是高转发速度和高可靠性，代价则处于次要地位。硬件可靠性可以采用电话交换网中使用的技术，如热备份、双电源、双数据通路等方式来获得。这些技术对所有骨干路由器而言是标准技术。骨干 IP 路由器的主要性能瓶颈是在转发表中查找某个路由所消耗的时间，其次就是稳定性。同时，性能上要求高转发率、高背板带宽，支持各种局域网中所需的广域网接口，支持 QoS 和网络管理等功能。

(4) 太比特路由器。在未来核心互联网使用的三种主要技术中，光纤技术和密集波分复用(DWDM)技术都已经是很成熟的且是现成的技术。如果没有与现有的光纤技术和 DWDM 技术提供的原始带宽对应的路由器，新的网络基础设施将无法从根本上得到性能的改善，因此开发高性能的骨干路由器(太比特路由器)已经成为一项迫切的要求。太比特路由器技术现在还处于开发实验阶段。

## 8.4　实验环境与设备

(1) Cisco 2612 一台或 RG-2126G 一台、已安装超级终端的 PC 一台。

(2) Console 接口的电缆一条、双绞线一条。

(3) 每组有一位同学操作 PC，并进行设备的配置。

## 8.5　实验组网图

路由器的管理方式如图 8-7 所示。

图 8-7　路由器的管理方式

# 8.6 实 验 步 骤

## 1. 通过 Console 接口配置

路由器的管理方式与交换机相似，也可以通过带外和带内两种方式进行管理。在第一次使用路由器时，必须通过 Console 接口方式对路由器进行配置。操作步骤如下：

(1) 超级终端设置如图 8-8 所示，建立本地配置环境，将 PC 机(或终端)的串口通过配置电缆与路由器的 Console 接口相连接；再将 PC 机(或终端)的 RJ-45 接口与路由器的 RJ-45 接口相连。

(2) 在 PC 机中运行超级终端程序(路径为："开始"→"程序"→"附件"→"通迅"→"超级终端")，设置终端通信参数为：波特率(每秒位数)为"9600"(单位为 b/s)、数据位为"8"、奇偶校验为"无"、停止位为"1"、数据流控制为"无"，如图 8-8 所示，单击"确定"按钮进入下一步。

图 8-8　超级终端设置

(3) 已按要求将各电缆连接好，并且路由器已启动。在"超级终端"窗口中按 Enter 键，将进入路由器的用户视图，并出现命令提示符"Router >"。如果路由器未启动，超级终端则会自动显示整个启动过程。

在路由器首次加电使用时，路由器内部没有任何配置，这时路由器自动进入 Setup 交互式配置模式，也可以在特权模式下键入"Setup"命令来进入交互式配置模式。这时用户只需简单回答系统的问题，便可完成路由器的基本配置。但由于交互式方式只能配置有限的命令，建议按 Ctrl + C 组合键中断 Setup 交互式配置模式，采用命令行的方式进行配置。

(4) 在命令提示符"Router >"下，可输入命令配置路由器或查看路由器的运行状态。如需帮助，则可输入"？"，屏幕上会显示当前状态下的所有命令。

## 2. 命令行接口

思科、锐捷等系列路由器向用户提供了一系列配置命令以及命令行接口，方便用户配置和管理。思科产品命令行接口使用等级命令结构，这个结构可登录到不同的模式下来完成详细的配置任务。从安全的角度考虑，Cisco IOS 软件将 EXEC 命令解释器分为用户(User)模式和特权(Privileged)模式。

(1) 用户模式：仅允许运行基本的监测命令，这种模式下不能改变路由器的配置内容。命令提示符为"Router >"，表示用户正处在用户模式下。

(2) 特权模式：特权模式可以运行所有的配置命令，在用户模式下访问特权模式需要密码。命令提示符为"Router #"，表示用户正处在特权模式下。

用户模式一般只能允许用户显示路由器的信息而不能改变任何设置，要想使用所有的命令，就必须进入特权模式，在特权模式下，还可以进入到全局模式和其他特殊的配置模式，这些特殊模式都是全局模式的一个子集。

### 3. 基本配置

路由器的操作系统是一个功能非常强大的系统，特别是在一些高档的路由器中，它具有非常丰富的操作命令。正确掌握这些命令对配置路由器是最关键的一步，一般都是以命令方式对路由器进行配置的。下面以 Cisco 2612 为例介绍路由器的常用命令。

(1) 帮助命令。Cisco IOS 软件提供了非常强大的在线帮助功能。用户在配置的过程中，如果有记不住的命令或者拼写不正确的命令，都可以随时在命令提示符下输入"？"，即可列出该命令模式下支持的全部命令列表，也可按 Tab 键自动补齐命令的剩余单词。用户也可以列出相同字母开头的命令关键字或者每个命令的参数信息。其使用方法如下：

| | |
|---|---|
| Router#? | //列出当前命令模式下的所有命令 |
| Router#sh <Tab> | //自动补齐以 sh 开头的命令 |
| Router#s? | //显示当前模式下以 s 开头的所有命令 |

显示结果如下：

```
sdlc          send          setup          start-chat          show
```

(2) 显示命令。显示命令就是用于显示某些特定需要的命令，以方便用户查看设备某些特定设置信息。常用的显示命令有：

| | |
|---|---|
| Router#show version | //查看版本及引导信息 |
| Router#show clock | //查看路由器系统时间 |
| Router#show running-config | //查看运行配置文件信息 |
| Router#show startup-config | //查看用户保存在 NVRAM 中的配置文件 |
| Router#show ip route | //查看路由信息 |
| Router#show interfaces type number | //查看接口信息 |
| Router#show arp | //查看路由器的 ARP 表 |

(3) 接口命令。

| | |
|---|---|
| Router(config)#Interface Ethernet number | //进入指定以太网接口视图 |
| Router(config-if)#ip address ip-address netmask | //为指定接口配置 IP 地址 |
| Router(config-if)#no shutdown | //激活指定接口 |
| Router(config)#interface fastethernet 0/1.1 | //进入以太网端口 0/1 的 1 号子接口 |
| Router(config-subif)#ip address ip-address netmask | //为子接口配置 IP 地址 |

在默认情况下，路由器的接口是在关闭状态下的，需要键入"no shutdown"命令来激活接口。

(4) 常用命令。

Router(config)#hostname name     //配置路由器名

Router(config)#no hostname name    //删除路由器名

Router#no debug all        //关闭调试功能

Router(config)#enable secret password   //设置特权密码，密码为密文

Router(config)#enable password password  //设置特权密码，密码为明文

Router(config)#line vty number     //进入 VTY 线路设置

Router(config-line)#login       //设置登录时需要密码

Router(config-line)#password password   //设置远程登录密码

Router(config)#ip routing       //启用 IP 路由

(5) 重启命令。在线的路由器为不间断工作，但由于一些原因需要重启(Reload)，有很多设备操作系统在设置时考虑了这点，支持在一定时间后重新启动路由器或在特定时间重新启动路由器。重启命令的配置如表 8-1 所示。

表 8-1 重启命令的配置

| 说　明 | Cisco | RG |
|---|---|---|
| 直接重启 | Router#reload | Router#reload |
| 指定某个时间重启 | 无 | Router#reload at hh:mm day month [year] [reload-reason] |
| 指定在一段时间后重启 | 无 | Router#reload in mmm [reload-reason] |
| | 无 | Router#reload in hhh:mm [reload-reason] |
| 删除已设置的重启策略 | 无 | Router#reload cancel |

重启命令关键字解释：

① 指定某个时间重启。指定系统在 year 年 month 月 day 日 h 时 m 分 reload。reload 的原因是 reload-reason(如果有输入的情况)。如果用户没有输入 year 参数，则默认的使用系统当前年份。

② 指定在一段时间后重启。指定系统 m 分钟后 reload，reload 的原因是 reload-reason(如果有输入的情况)；指定系统 h 小时 m 分钟后 reload，reload 的原因是 reload-reason(如果有输入的情况)。

(6) 系统时间命令。

Router #Clock set {hh:mm:ss day month year}   //设置系统时间和日期

在配置月份时，注意输入为月份英文单词的缩写，具体的各个月份的英文单词和缩写为：一月(January/JAN)、二月(February/FEB)、三月(March /MAR)、四月(April/APR)、五月(May/MAY)、六月(June/JUN)、七月(July/JUL)、八月(August/AUG)、九月(September /SEP)、十月(October/OCT)、十一月(November/NOV)、十二月(December/DEC)。

## 4. 通过 Telnet 配置

如果用户对路由器已经配置好各接口的 IP 地址，同时可以正常的进行网络通信了，则可以通过局域网或者广域网使用 Telnet 客户端登录到路由器上，对路由器进行远程管理。

下面是在路由器上配置远程 Telnet 访问的全过程。

```
Router >en
Router #configure terminal
Router (config)#hostname RouterA
RouterA (config)#enable password cisco          //以"cisco"为特权模式密码
RouterA (config)#interface fastethernet 0/1     //以 1 号端口为 Telnet 远程登录
RouterA (config-if)#ip address 192.168.1.100 255.255.255.0
RouterA (config-if)#no shutdown
RouterA (config-if)#exit
RouterA (config)line vty 0 4                     //设置 0～4 个用户可以 Telnet 远程登录
RouterA (config-line)#login
RouterA (config-line)#password cisco             //以"cisco"为远程登录的用户密码
```

在 Windows 的 DOS 命令提示符下，直接输入"Telnet a.b.c.d"，这里的 a.b.c.d 为路由器的以太网接口的 IP 地址(如果在远程 Telnet 配置模式下，为路由器的广域网口的 IP 地址)，与路由器建立连接，提示输入登录密码。从个人机远程登录到路由器如图 8-9 所示。

图 8-9 从个人机远程登录到路由器

如果出现以下错误提示的说明：

(1) "Password required，but none set"：以 Telnet 方式登录时，需要在对应的 Line vty number 配置密码，该提示是由于没有配置对应的登录密码。

(2) "%No password set"：没有设置选程登录密码。对于以非控制台方式登录时，必须配置控制密码，否则无法进入特权用户模式。

## 8.7 小　结

通过本次实验，了解路由器的原理和硬件组成，掌握路由器的分类及接口类型，熟悉思科、锐捷路由器的基本配置命令。

# 实验 9　虚拟局域网

## 9.1　实验目的

(1) 了解虚拟局域网的概念及作用。

(2) 掌握在一台交换机上划分 VLAN 的方法和跨交换机 VLAN 的配置方法。

(3) 掌握 Access 端口、Trunk 端口的作用及配置方法。

(4) 理解 VLAN 数据帧的格式、添加和删除 VLAN 标记的过程。

## 9.2　实验内容

(1) 使用二层交换机进行组网，按拓扑图上的设备信息及地址信息对设备做基本的配置。在一台交换机上划分 VLAN，用 Ping 命令测试在同一 VLAN 和不同 VLAN 中设备的连通情况。

(2) 配置 Trunk 端口，用 Ping 命令测试在同一 VLAN 和不同 VLAN 中设备的连通情况。

## 9.3　实验原理

### 1. VLAN 概述

VLAN(Virtual Local Area Network，虚拟局域网)技术是一种通过将局域网内的物理设备逻辑地划分成一个个网段从而实现虚拟工作组的新兴技术。IEEE 于 1999 年颁布了以标准化 VLAN 来实现的 IEEE 802.1Q 协议标准草案。

VLAN 技术允许网络管理者将一个物理 LAN 逻辑划分成不同的广播域(即 VLAN)，每一个 VLAN 都包含一组有着相同需求的计算机工作站，与物理局域网有着相同的属性。但由于它是逻辑连接而不是物理的划分，所以同一个 VLAN 内的各个工作站无需被放置在同一个物理空间，即这些工作站不一定属于同一个物理网段。

VLAN 技术的功能如图 9-1 所示，一幢大楼内的三层楼的 6 台电脑共用一台交换机，PC 1、PC 2 同一层楼，PC 3、PC 4 同一层楼，PC 5、PC 6 同一层楼，交换机安装在二楼。根据用户使用需求，两个 VLAN 之间的用户不能相互访问，则用户划分为两个 VLAN：PC 1、

PC 3、PC 5 为 VLAN 10；PC 2、PC 4、PC 6 为 VLAN 20。

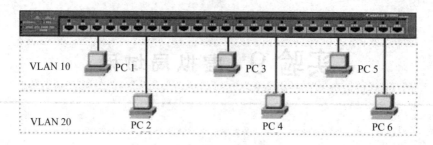

图 9-1　VLAN 技术的功能

1) 广播域和冲突域

冲突域、广播域是思科公司提出的概念，了解这两个概念对学习以太网的组建技术有很大帮助。

根据以太网采用的 CSMA/CD 工作原理，当多个结点共享介质时，同一时间只能由其中一个结点发送数据帧，如果其他结点也发送了数据帧就会产生冲突，这几个结点就共同组成了一个冲突域。如果一个结点发送广播帧，其他结点都能收到，那么这几个结点就构成一个广播域。

冲突域是基于 OSI 参考模型第一层(物理层)，广播域是基于 OSI 参考模型第二层(数据链路层)。Hub 的所有端口都在一个冲突域内，也同在一个广播域中；交换机的所有端口都在一个广播域内，但每个端口是一个冲突域，只有在划分 VLAN 之后才能分割广播域；ROUTER 的每个端口是一个冲突域也是一个广播域。

2) VLAN 的特征及优点

同一个 VLAN 中的所有成员共同拥有一个 VLAN ID，组成一个虚拟局域网；同一个 VLAN 中的成员均能收到同一个 VLAN 中其他成员发送的广播包，但收不到其他 VLAN 中成员发来的广播包；不同 VLAN 成员之间不可直接通信，需通过三层交换机或路由器支持才能通信，而同一个 VLAN 中成员通过 VLAN 交换机可以直接通信，不需路由支持。

VLAN 将一组位于不同物理网段上的用户在逻辑上划分到一个局域网内，在功能和操作上与传统的 LAN 基本相同，可以实现一定范围内终端系统的互联。VALN 与传统的 LAN 相比有如下优势：

(1) 限制广播包，提高带宽的利用率。一个 VLAN 就是一个逻辑广播域，通过对 VLAN 的创建，隔离了广播，缩小了广播范围，可以控制广播风暴的产生。

(2) 提高网络整体安全性。通过路由访问列表和 MAC 地址分配等 VLAN 划分原则，可以控制用户访问逻辑网段权限的大小，将不同用户群划分在不同的 VLAN 中，从而提高交换式网络的整体性能，增强了通信的安全性和网络的健壮性。

(3) 网络管理简单、直观。对于采用 VLAN 技术的网络来说，一个 VLAN 可以根据部门职能、用户组或应用将不同地理位置的网络用户划分为一个逻辑网段。在不改变网络物理连接的情况下，可以将工作站在工作组或子网之间任意的移动。利用 VLAN 技术，大大减轻了网络管理和维护工作的负担，降低了网络维护费。在一个交换网络中，VLAN 提供了网段和机构的弹性组合机制。

## 2. VLAN 的划分

VLAN 划分的主要目的就是隔离广播域,在网络建设及其设计时,可根据物理端口、MAC 地址、协议、IP 组等方法来确定这些广播域。下面是几种划分 VLAN 的方法。

### 1) 基于端口的 VLAN 划分

基于端口划分 VLAN 是指通过网络管理员手工操作将端口分配给不同 VLAN,因此这种 VLAN 称为静态 VLAN。

静态 VLAN 划分方法是最简单同时也是使用最广泛的一种划分方法。如将交换机的 1~4 号端口划入到 VLAN 10 中;5、8、9 这三个端口划入 VLAN 20 中等。当然这些属于同一个 VLAN 的端口可以连续也可以不连续,如何配置由网络管理员根据网络需求决定。如果有多台交换机相连接时,可以将交换机 1 的任意端口和交换机 2 的任意端口划入同一个 VLAN,设置合适的端口模式,即同一个 VLAN 可以跨越数台交换机。

基于端口划分 VLAN 的方法的优点是在定义 VLAN 成员时非常简单,只要将所有的端口划分到指定的 VLAN 即可;其缺点是:如果 VLAN 用户更改连接端口,就必须重新定义,一旦这种更改比较频繁,网络管理工作量就会变得很大。

需要注意的是,交换机的每一个端口都可以被划分到一个 VLAN 中,但是交换机的一个端口不能同时被划分到两个或者两个以上的 VLAN 中。

### 2) 基于 MAC 地址的 VLAN 划分

基于 MAC 地址划分 VLAN 是指根据终端用户设备的 MAC 地址来定义成员资格,当用户接入交换机端口时,该交换机必须查询它的数据库然后确定用户属于哪个 VLAN。

基于 MAC 地址划分 VLAN 的方法的最大优点是当用户物理位置移动时,即从一台交换机换到其他的交换机时,VLAN 不用重新配置。这种方法的缺点是当初始化时,所有的用户都必须进行配置,如果有几百个甚至上千用户的情况下,配置将会相当复杂,因此这种划分方法通常用于小型局域网。因为每一个交换机的端口上都可能存在多个 VLAN 组成员,保存了许多用户的 MAC 地址,查询起来相当不容易,所以这种划分方法也导致了交换机执行效率的降低。

### 3) 基于网络层协议的 VLAN 划分

基于网络层协议划分 VLAN,可将其划分为基于 IP、IPX、AppleTalk 等网络协议的 VLAN。这种按网络层协议来组成的 VLAN,可使广播域跨越多个 VLAN 交换机。这对于希望针对具体应用和服务来组织用户的网络管理员来说是非常具有吸引力的。而且,用户可以在网络内部自由移动,VLAN 成员身份仍然保持不变。

基于网络层协议划分 VLAN 的方法的优点是用户的物理位置改变了,不需要重新配置所属的 VLAN,而且可以根据协议类型来划分 VLAN。在使用过程中,它不需要附加的帧标签来识别 VLAN,因而减少网络的通信量。这种方法的缺点是效率低,因为检查每一个数据包的网络层地址是需要消耗处理时间的(相对于以上两种划分方法),一般的交换机芯片都可以自动检查网络上数据包的以太网帧头,但要让芯片能检查 IP 帧头,需要更高的技术,同时也更费时。当然,这与各个厂商的实现方法有关。此方法在实际应用中很少用到。

### 4) 根据 IP 组播划分 VLAN

IP 组播实际上是一种 VLAN 的定义,即认为一个 IP 组播分组就是一个 VLAN。根据 IP 组播划分 VLAN 的方法将其扩大到了广域网,因此这种方法具有更大的灵活性,也很容易通过路由器进行扩展，主要适合于不在同一地理范围内的网络用户所组成的一个 VLAN，不适合局域网，主要原因是效率不高。

在上述四种划分方法中，除基于端口的 VLAN 划分方法为静态 VLAN 外，其他的几种划分方法均为动态 VLAN，对于终端用户来说具有更大的灵活性和可用性，但要求有更多管理方面的开销，一般较少使用。基于端口的 VLAN 是最普遍使用的方法之一，这也是目前所有交换机都支持的一种 VLAN 划分方法，只有少量交换机支持基于 MAC 地址的 VLAN 划分。

### 3. VLAN 帧标记协议

要将一些帧正确地转发到目的地，交换机必须能够正确识别帧的信息。这些帧可能来自不同的 VLAN，到达另外不同的 VLAN。为了区别这些帧，必须给其加上标记，帧标记给在中继链路上传输的每个帧分配一个用户定义的唯一的 ID 值，这个 ID 可能是 VLAN 号或其他信息。目前在中继链路中有两种用于帧标记的协议，分别是 IEEE 802.1Q 和 ISL(Inter Switch Link)。

#### 1) IEEE802.1Q

IEEE 802.1Q 是虚拟桥接局域网的正式标准，它定义了同一个物理链路上承载多个子网数据流的方法。其主要内容为：VLAN 技术的架构、VLAN 技术提供的服务及 VLAN 技术涉及的协议和算法。为了保证不同厂商生产的设备能互联互通，IEEE 802.1Q 标准严格规定了统一的 VLAN 帧格式以及其他重要参数。

标准以太网帧和带有 IEEE 802.1Q 标记的以太网帧的两种帧格式如图 9-2 所示。VLAN 帧在标准以太网帧的源 MAC 地址后面增加了 4 个字节的 TAG 标签头。这 4 个字节的 IEEE 802.1Q 标签头包含了 2 个字节的标签协议标识(Tag Protocol Identifier，TPID)和 2 个字节的标签控制信息(Tag Control Information，TCI)。TPID 是 IEEE 定义新的类型，表明这是一个加了 IEEE 802.1Q 标签的帧，包含了一个固定的十六进制值 0x8100。TCI 包含的是帧的控制信息，它包含下面的一些元素：

(1) Priority：占用了三个 bit(比特)位，这 3 位指明帧的优先级，一共有 8 种优先级，分别是 0～7。

(2) CFI(Canonical Format Indicator)：占用了一个 bit 位。如果 CFI 值为 0 说明此帧采用的是规范帧格式；1 则为非规范帧格式。它被用在令牌环和源路由 FDDI 介质访问方法中用来指示封装帧所带地址的比特次序信息。

(3) VLAN ID(VLAN Identified)：占用 12 个 bit 位。指明 VLAN 的 ID，范围是 0～4095 共 4096 个，每个支持 IEEE 802.1Q 协议的交换机发送出来的数据包都会包含这个标签，以指明所发送数据包所属的 VLAN 信息。

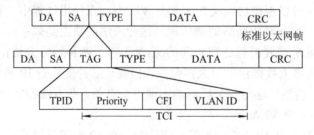

图 9-2 以太网帧格式及 VLAN 帧格式

2) ISL

ISL 是指交换机之间的链路。完成的目标功能与 IEEE 802.1Q 基本相同，但使用的帧格式不同，它是思科公司的私有的封装格式，因而仅在思科设备上得以支持。

ISL 它是在原有的帧上再添加一个 26B 的帧头和 4B 的帧尾。帧头包含了 VLAN 信息，用 10bit 标识 VLAN ID，最多可标识 1024 个不同的 VLAN。帧尾中包含循环校验码(CRC)，以保证新帧的数据完整性。ISL 主要用在以太网交换机之间、交换机和路由器之间以及交换机和安装了 ISL NIC 的主机之间。

### 4. VLAN Trunk 协议

VLAN Trunk 协议即 VTP 协议，它是 VLAN 中继协议，用来配置和管理整个 VLAN 交换网络。VTP 可控制网络范围内 VLAN 的添加、删除和重命名，以实现 VLAN 配置的一致性。VTP 减少了交换网络中的管理事务，负责在 VTP 域内同步 VLAN 信息，这样就不必在每个交换机中配置相同的 VLAN 信息，当管理员需要增加 VLAN 时，可在 VTP 服务器上配置新的 VLAN，通过域内交换机分发 VLAN。

VTP 协议工作在 OSI 参考模型的第二层(数据链路层)，它是 Cisco 专用协议，其他产品无此功能，不能通用，对于 Cisco 的大多数交换机都支持该协议。

1) VTP 工作域及其优点

VTP 工作域也称为 VLAN 管理域，它由一个以上共享 VTP 域名相互连接的交换机组成。如果要使用 VTP，就必须为每台交换机指定 VTP 域名。VTP 信息只能在 VTP 工作域内保持，一台交换机可属于并只能属于一个 VTP 工作域。如果在 VTP 服务器中进行了VLAN 配置变更，所做的修改会传播到 VTP 工作域内的所有交换机中。VIP 工作域内的每台交换机不论是通过配置实现的还是由交换机自动获得的，都必须使用相同的 VTP 域名。

VTP 协议具有如下一些优点：

(1) 在网络中所有交换机上实现 VLAN 配置的一致性。

(2) 允许 VLAN 在混合式网络上进行中继。

(3) 对 VLAN 进行精确跟踪和监控。

(4) 将所添加的 VLAN 动态报告给 VTP 工作域中的所有交换机。

(5) 添加 VLAN 时即插即用。

2) VTP 工作模式

VTP 工作模式有三种，分别是服务器模式(Server Mode)、客户机模式(Client Mode)和透明模式(Transparent Mode)。交换机可工作于任意一种模式下，其分述如下：

(1) 服务器模式。VTP 服务器控制着它们所在域中 VLAN 的添加、创建和修改。所有的 VTP 信息都被通告到本域中的其他交换机，而且所有这些 VTP 信息都被其他交换机同步接收。对于 Cisco Catalyst 交换机来说，服务器模式是默认的工作模式。

(2) 客户机模式。VTP 客户机不允许管理员创建、修改和删除 VLAN。它们监听本域中其他交换机的 VTP 通告，并相应地修改它们的 VTP 配置情况。

(3) 透明模式。VTP 透明模式中的交换机不参与 VTP。当交换机处于透明模式时，它不通告其 VLAN 配置信息。而且它的 VLAN 数据库更新与收到的通告也不保持同步。但它可创建和删除本地的 VLAN，不过这些 VLAN 变更不会传播到其他交换机上。

表 9-1 描述了三种 VTP 工作模式之间的比较信息。

**表 9-1　VTP 工作模式比较**

| 功　能 | 服务器模式 | 客户机模式 | 透明模式 |
|---|---|---|---|
| 提供 VTP 消息 | √ | √ | × |
| 监听 VTP 消息 | √ | √ | × |
| 添加、创建、修改 VLAN | √ | × | √(本地有效) |
| 记忆 VLAN | √ | 不同版本的结果不同 | √(本地有效) |

### 5. VLAN 之间的通信

VLAN 之间的通信主要用路由技术来实现。当计算机属于不同的 VLAN(不同的广播域)时，此类计算机之间无法交换广播报文。因此，属于不同 VLAN 的计算机之间无法直接相互通信。为了能在 VLAN 之间通信，需要利用 OSI 参考模型的更高一层，即网络层 IP 来完成路由功能，在目前的网络互联设备中，能完成路由功能的设备主要有路由器或三层及三层以上的交换机。实现 VLAN 之间的通信的方法如下：

(1) 使用路由器实现 VLAN 之间的通信。当使用这种方式时，路由器与交换机的连接方式有两种：一种是通过路由器的不同物理接口与交换机上的每个 VLAN 相连，这种方式的优点是管理简单，缺点是不便于扩展。当每增加一个新的 VLAN 时，都需要消耗路由器的端口和交换机中的访问连接，增加了开销。另一种是通过路由器逻辑子接口的方式实现，此方式容易实现且成本低，但路由配置复杂。

(2) 使用三层交换机实现 VLAN 之间的通信。三层以上的交换机中集成了路由功能，用三层交换机代替路由器实现 VLAN 之间的通信方式有两种：一种是启用交换机的路由功能，其实现方法可采用以上介绍的任何一种路由器工作方式；另一种是利用某些高端交换机所支持的专用 VLAN 功能来实现 VLAN 之间的通信。目前市上有许多三层以上的交换机都支持这些功能。

### 6. VLAN 端口的分类

根据交换机处理 VLAN 数据帧的不同，可将交换机的端口分为两类：一类是 Access 端口，它只能传送标准以太网帧；另一类是 Trunk 端口，它既可传送有 VLAN 标签的数据帧，也可以传送标准以太网帧。这两类端口分述如下：

(1) Access 端口：用于连接不支持 VLAN 技术的终端设备端口或不使用 VLAN 技术中继的终端设备，这些端口接收到的数据帧不包含 VLAN 标签，而向外发送的数据帧也不包含 VLAN 标签。

(2) Trunk 端口：用于连接支持 VLAN 技术的网络设备端口，这些端口接收到的数据帧都包含 VLAN 标签(数据帧 VLAN ID 和端口缺省的 VLAN ID 相同的除外)，而向外发送的数据帧必须保证接收端能够区分不同 VLAN 的数据帧，故常需要添加 VLAN 标签。

# 9.4　实验环境与设备

(1) Cisco 2950 或 RG-2126G 交换机两台、已安装操作系统的 PC 机四台。

(2) Console 接口的电缆一条、按 EIA/TIA-568B 标准制作 1.5 m 的双绞线五条。

(3) 每组四位同学，各操作一台 PC，协同做实验。

# 9.5　实验组网图

实验测试拓扑结构分别如图 9-3、图 9-4 所示，图中各设备地址的配置分别如表 9-2、表 9-3 所示。

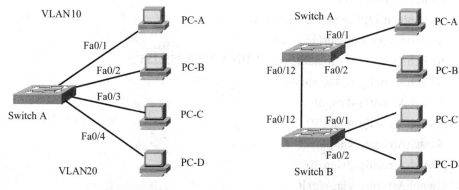

图 9-3　VLAN 基本配置组网图　　　　图 9-4　Trunk 端口测试组网图

### 表 9-2　VLAN 基本配置设备信息表

| 设备名 | 接　口 | IP 信息 | |
| --- | --- | --- | --- |
| | | IP 地址 | 网关 |
| Switch A | VLAN 1 | 192.168.1.2/24 | 192.168.1.1/24 |
| PC-A | RJ-45 | 192.168.1.11/24 | 192.168.1.1/24 |
| PC-B | RJ-45 | 192.168.1.12/24 | 192.168.1.1/24 |
| PC-C | RJ-45 | 192.168.2.11/24 | 192.168.2.1/24 |
| PC-D | RJ-45 | 192.168.2.12/24 | 192.168.2.1/24 |

### 表 9-3　Trunk 端口配置设备信息表

| 设备名 | 接　口 | IP 信息 | |
| --- | --- | --- | --- |
| | | IP 地址 | 网关 |
| Switch A | VLAN1 | 192.168.1.2/24 | 192.168.1.1/24 |
| Switch B | VLAN1 | 192.168.1.3/24 | 192.168.1.1/24 |
| PC-A | RJ-45 | 192.168.1.11/24 | 192.168.1.1/24 |
| PC-B | RJ-45 | 192.168.2.11/24 | 192.168.2.1/24 |
| PC-C | RJ-45 | 192.168.1.12/24 | 192.168.1.1/24 |
| PC-D | RJ-45 | 192.168.2.12/24 | 192.168.2.1/24 |

## 9.6 实验步骤

**1. VLAN 基本配置**

(1) 按照图 9-3 所示，用实验提供的线缆连接好设备。

(2) 按照表 9-2 配置交换机名及各设备的 IP 信息，交换机的配置过程如下：

```
Switch#config terminal
Switch(config)#hostname SwitchA
SwitchA(config)#interface vlan 1
SwitchA(config-if)#ip address 192.168.1.2 255.255.255.0
SwitchA(config-if)#no shutdown
SwitchA(config-if)#exit
SwitchA(config)#vlan 10                                    //创建 VLAN
SwitchA(config-vlan)#exit
SwitchA(config)#vlan 20
SwitchA(config-vlan)#exit
SwitchA(config)#interface range fastEthernet 0/1 – 2       //配置连续端口
SwitchA(config-if-range)#switchport mode access            //配置端口为 Access 端口
SwitchA(config-if-range)#switchport access vlan 10         //将端口加入 VLAN 10 中
SwitchA(config-if-range)#exit
SwitchA(config)#interface range fastEthernet 0/3 – 4
SwitchA(config-if-range)#switchport mode access
SwitchA(config-if-range)#switchport access vlan 20
SwitchA(config-if-range)#end
SwitchA#show vlan                                          //验证 VLAN 配置是否成功
```

| VLAN | Name | Status | Ports |
| ---- | ---- | ------ | ----- |
| 1 | default | active | Fa0/5, Fa0/6, Fa0/7, Fa0/8 |
| | | | Fa0/9, Fa0/10, Fa0/11, Fa0/12 |
| | | | Fa0/13, Fa0/14, Fa0/15, Fa0/16 |
| | | | Fa0/17, Fa0/18, Fa0/19, Fa0/20 |
| | | | Fa0/21, Fa0/22, Fa0/23, Fa0/24 |
| | | | Gi0/1, Gi0/2 |
| 10 | VLAN0010 | active | Fa0/1, Fa0/2 |
| 20 | VLAN0020 | active | Fa0/3, Fa0/4 |
| 1002 | fddi-default | act/unsup | |
| 1003 | token-ring-default | act/unsup | |
| 1004 | fddinet-default | act/unsup | |

1005 trnet-default               act/unsup

观察 VLAN 信息表，检查实验所需要的 VLAN 及各 VLAN 所对应的端口是否正确。

(3) PC-A、PC-B 属于 VLAN10，PC-C、PC-D 属于 VLAN 20。现对同一 VLAN 之间的设备进行测试(如 PC-A Ping PC-B)和不同 VLAN 之间的设备进行测试(如 PC-A Ping PC-C)，详细的测试结果如表 9-4 所示。

表 9-4  VLAN 基本配置测试结果

|  |  | 所用命令 | 结果 |
|---|---|---|---|
| 同一网段 | PC-A–PC-B |  |  |
|  | PC-C–PC-D |  |  |
| 不同网段 | PC-A–PC-C |  |  |
|  | PC-A–PC-D |  |  |
|  | PC-B–PC-C |  |  |
|  | PC-B–PC-D |  |  |
|  | PC-A–Switch A |  |  |
|  | PC-C–Switch A |  |  |

### 2. Trunk 配置

(1) 按照图 9-4 所示，用实验提供的线缆连接好各设备。

(2) 按照表 9-3 配置交换机的名称及 PC 的 IP 信息，交换机的配置过程分以下两种。

交换机 A：

Switch#config terminal

Switch(config)#hostname SwitchA

SwitchA(config)#interface vlan 1

SwitchA(config-if)#ip address 192.168.1.2 255.255.255.0

SwitchA(config-if)#no shutdown

SwitchA(config-if)#exit

SwitchA(config)#vlan 10                //创建 VLAN

SwitchA(config-vlan)#exit

SwitchA(config)#vlan 20

SwitchA(config-vlan)#exit

SwitchA(config)#interface fastEthernet 0/1        //进入端口模式

SwitchA(config-if)#switchport mode access         //配置端口为 Access 端口

SwitchA(config-if)#switchport access vlan 10       //将端口加入 VLAN 10 中

SwitchA(config-if)#exit

SwitchA(config)#interface fastEthernet 0/2

SwitchA(config-if)#switchport mode access

SwitchA(config-if)#switchport access vlan 20

SwitchA(config-if)#exit

SwitchA(config)#interface fastEthernet 0/12

SwitchA(config-if)#switchport mode trunk

SwitchA(config-if)#switchport trunk allowed vlan all          //允许所有 VLAN 通过

SwitchA(config-if)#end

SwitchA#show vlan

| VLAN | Name | Status | Ports |
|------|------|--------|-------|
| 1 | default | active | Fa0/3, Fa0/4, Fa0/5, Fa0/6 |
|   |   |   | Fa0/7, Fa0/8, Fa0/9, Fa0/10 |
|   |   |   | Fa0/11, Fa0/12, Fa0/13, Fa0/14 |
|   |   |   | Fa0/15, Fa0/16, Fa0/17, Fa0/18 |
|   |   |   | Fa0/19, Fa0/20, Fa0/21, Fa0/22 |
|   |   |   | Fa0/23, Fa0/24, Gi0/1, Gi0/2 |
| 10 | VLAN0010 | active | Fa0/1 |
| 20 | VLAN0020 | active | Fa0/2 |
| 1002 | fddi-default | act/unsup | |
| 1003 | token-ring-default | act/unsup | |
| 1004 | fddinet-default | act/unsup | |
| 1005 | trnet-default | act/unsup | |

交换机 B：

Switch#config terminal

Switch(config)#hostname SwitchB

SwitchB (config)#interface vlan 1

SwitchB (config-if)#ip address 192.168.1.3 255.255.255.0

SwitchB (config-if)#no shutdown

SwitchB (config-if)#exit

SwitchB (config)#vlan 10                              //创建 VLAN

SwitchB (config-vlan)#exit

SwitchB (config)#vlan 20

SwitchB (config-vlan)#exit

SwitchB (config)#interface fastEthernet 0/1          //进入端口模式

SwitchB (config-if)#switchport mode access          //配置端口为 Access 端口

SwitchB (config-if)#switchport access vlan 10        //将端口加入 VLAN 10 中

SwitchB (config-if)#exit

SwitchB (config)#interface fastEthernet 0/2

SwitchB (config-if)#switchport mode access

SwitchB (config-if)#switchport access vlan 20

SwitchB (config-if)#exit

```
SwitchB (config)#interface fastEthernet 0/12
SwitchB (config-if)#switchport mode trunk
SwitchB (config-if)#switchport trunk allowed vlan all        //允许所有 VLAN 通过
SwitchB (config-if)#end
SwitchB #show vlan
VLAN Name                    Status      Ports
---- --------------------    ---------------------------------------------------------
1    default                 active      Fa0/3, Fa0/4, Fa0/5, Fa0/6
                                         Fa0/7, Fa0/8, Fa0/9, Fa0/10
                                         Fa0/11, Fa0/12, Fa0/13, Fa0/14
                                         Fa0/15, Fa0/16, Fa0/17, Fa0/18
                                         Fa0/19, Fa0/20, Fa0/21, Fa0/22
                                         Fa0/23, Fa0/24, Gi0/1, Gi0/2
10   VLAN0010                active      Fa0/1
20   VLAN0020                active      Fa0/2
1002 fddi-default            act/unsup
1003 token-ring-default      act/unsup
1004 fddinet-default         act/unsup
1005 trnet-default           act/unsup
```

观察 VLAN 信息表，检查实验所需要的 VLAN 及各 VLAN 所对应的端口是否正确。端口 Fa0/12 为 Trunk，但它是 VLAN 1 的 Access 端口。

(3) PC-A、PC-C 属于 VLAN 10，PC-B、PC-D 属于 VLAN 20，两台交换机通过 Fa0/12 利用 Trunk 端口模式连接，现对同一 VLAN 间设备的 Ping 命令测试(如 PC-A Ping PC-C)和不同 VLAN 间设备进行 Ping 命令测试(如 PC-A Ping PC-B)，详细的测试结果如表 9-5 所示。

表 9-5    Trunk 端口配置测试结果

|  |  | 所用命令 | 结果 |
|---|---|---|---|
| 同一网段 | PC-A–PC-C |  |  |
|  | PC-B–PC-D |  |  |
|  | Switch A–Switch B |  |  |
| 不同网段 | PC-A–PC-B |  |  |
|  | PC-A–PC-D |  |  |
|  | PC-B–PC-C |  |  |
|  | PC-B–PC-D |  |  |
|  | PC-A–Switch A |  |  |
|  | PC-A–Switch B |  |  |

思考：在此实验中，交换机的哪些端口在同一冲突域中，哪些端口在同一个广播域中？Fa0/12 为什么只在 VLAN 1 中？交换机 A 与交换机 B 为什么能互相 "Ping" 通，而与其他 PC 机不能 "Ping" 通？

## 9.7 小　结

通过本次实验，实现了在一台交换机中划分多个 VLAN，并用 Ping 命令测试在同一 VLAN 和不同 VLAN 中设备的连通性，验证了交换机上划分 VLAN 的作用。理解了 Trunk 端口、Access 端口的作用，并通过在两台交换机上划分 VLAN 对 Trunk、Access 端口模式的功能进行了验证。进一步理解 IEEE 802.1Q 协议中所规定的 VLAN 的基本原理。

# 实验 10　静态路由和默认路由

## 10.1　实验目的

(1) 理解路由的概念和基本术语。
(2) 掌握路由协议的工作原理。
(3) 掌握静态路由和默认路由的配置方法。

## 10.2　实验内容

在路由器或三层交换机中依次配置静态路由、默认路由，然后用 Ping 命令测试网络的连通性。

## 10.3　实验原理

**1. 概述**

路由是指一台设备的数据包从源穿过网络传递到目的地的路径信息，在数据包的传输过程中至少经过一个中间节点，这些中间节点具体的表现形式为路由器路由表条目。

1) 自治系统

自治系统(Autonomous System，AS)就是处于一个管理机构控制之下的路由器和网络群组。它可以是一个路由器直接连接到 LAN，同时也连接到 Internet；也可以是一个由企业骨干网相互连接的多个局域网组成。每个自治系统都有唯一的标识，称为自治系统编号。同一个自治系统中的所有路由器必须相互连接，运行相同的路由协议，分配同一个自治系统编号。自治系统编号是一个 16 位的二进制数，范围是 1～65 535，由 IANA 来分配。自治系统之间使用外部路由协议进行互相连接，如外部网关协议(EGP)。

2) 路由的度量标准与度量值

路由协议使用度量标准来确定到达目的地的最佳路径，度量值是衡量路由好坏的一个参数。当路由认为到达一个网络有多种路径时，为了选择出最优路径就必须利用度量标准来计算，用所得到的值来判断选择。每一种路由算法在产生路由表时，会对每一条通过网络的路径计算一个数值，最小的这个数值表示最优路径。度量值的计算只考虑路径的一个特性，但更复杂的度量值是综合了路径的多个特性而产生的。一些常用的度量标准如下：

(1) 跳数：数据包到达目的地之前必须经过路由器的个数。

(2) 带宽：链路的数据容量。

(3) 时延：数据包从源端到达目的端所用的时间。

(4) 负载：网络资源已被使用部分的大小。

(5) 可靠性：网络链路错误比特的比率。

(6) 最大传输单元：链路上的最大传输单元值。

3) 管理距离

管理距离(Administrative Distance)是指一种路由协议的可信度。每一种路由协议按可靠性从高到低，依次分配一个信任等级，这个信任等级就称为管理距离。对于两种不同的路由协议到一个目的地的路由信息，路由器首先根据管理距离选择可信的路由协议。

在默认的情况下，各种路由选择协议都有自己的默认管理距离，但是可以手动修改。常见路由协议的默认管理距离如表 10-1 所示。

表 10-1 常见路由协议的默认管理距离

| 路由选择协议 | 默认管理距离 |
| --- | --- |
| 直连路由 | 0 |
| 静态路由 | 1 |
| EIGRP 汇总路由 | 5 |
| 外部 BGP | 20 |
| IGRP | 100 |
| OSPF | 110 |
| IS-IS | 115 |
| RIP(V1 和 V2) | 120 |
| 外部网关协议(EGP) | 140 |
| 未知 | 255 |

4) 路由算法

路由算法在路由协议中起着至关重要的作用，采用何种路由算法往往决定了最终的寻径结果，因此选择路由算法一定要慎重。通常需要综合考虑以下几个设计目标：

(1) 最优化：路由算法选择最佳路径的能力。

(2) 简洁性：算法设计简洁，利用最少的系统资源开销，提供最有效的功能。

(3) 稳定性：当算法处于非正常或不可预料的环境(如硬件故障、负载过高或操作失误)时都能正确运行。由于路由器分布在网络连接点上，一旦出故障，将会产生严重后果。最好的路由器算法通常能经受时间的考验，并在各种网络环境下被证实是可靠的。

(4) 快速收敛：收敛是指在最佳路径的判断上所有路由器达到一致的过程。当某个网络事件引起路由可用或不可用时，路由器就发出更新信息。当路由更新信息遍及整个网络时，引发重新计算最佳路径，最终达到所有路由器一致公认的最佳路径。收敛慢的路由算法会造成路径循环或网络中断。

(5) 灵活性：路由算法可以快速、准确地适应各种网络环境。例如，某个网段发生故障，路由算法要能很快发现故障，并为使用该网段的所有路由选择另一条最佳路径。

5) 路由表

路由表(Routing Table)是指路由器中保存各种传输路径相关数据的一张表，供路由选择时使用。路由表就像我们生活中使用的地图一样，标识着各种路线。在路由表中保存的数据有子网的标志信息、网上路由器的个数和下一个路由器的名字等。路由表可以由系统管理员固定设置、系统动态修改、路由器自动调整和主机控制几种方式产生。

### 2. 路由的原理

路由器工作于 OSI 参考模型中的第三层，其主要任务是接收来自网络接口的数据包，根据其中所包含的目的地址，决定出要转发数据包的目的地址。因此，路由器首先要在转发路由表中查找数据包的目的地址，若找到了目的地址，就在数据帧前添加下一个 MAC 地址，同时 IP 数据报头的 TTL(Time To Live)域也开始减数，并重新计算校验和(Checksum)。当数据包被送到输出端口时，它需要按顺序等待，以便被传送到输出链路上。

常见路由器对数据包进行存储转发的过程如下：

(1) 当数据包到达路由器，根据网络物理接口的类型，路由器调用相应的链路层功能模块，以解释处理此数据包的链路层协议报头。这一步处理比较简单，主要是对数据的完整性进行验证，如 CRC 校验、帧长度检查等。

(2) 在链路层完成对数据帧完整性验证后，路由器开始处理此数据帧的 IP 层。这一过程是路由器的核心功能。根据数据帧中 IP 包头的目的 IP 地址，路由器在路由表中查找下一跳的 IP 地址；同时，IP 数据包头的 TTL 域开始减数，重新计算校验和。

(3) 根据路由表中所查到的下一跳 IP 地址，将 IP 数据包送往相应的输出链路层，被封装相应的链路层包头，最后经输出网络物理接口发送出去。

路由器的主要工作就是为经过路由器的每个数据包寻找一条最佳传输路径，并将该数据包有效地传送到目的站点。

### 3. 分类

路由协议按照能否学习到子网分类，可以分为有类路由协议和无类路由协议，其中有类和无类中的"类"是指 IP 地址的分类。

1) 有类路由协议

有类路由协议包括 RIP-V1、IGRP 等。这类路由协议不支持可变长度的子网掩码，不能从邻居那里学习到子网信息，所有关于子网的路由在被学习到时会自动变成子网的主类网。例如，路由器从邻居那里学习到 172.16.2.0/24 这个子网的路由，而由于 172.16.2.0/24 中的地址属于 B 类地址，因此路由器就自动将子网变成了主类网 172.16.0.0/16，认为从邻居学到了 172.16.0.0/16 这个网段的路由并将其加入到路由表。

有类路由协议的路由更新包格式中虽然放置了路由器所学到的所有网段位置，但是没有放置子网掩码位置，以至于当出现子网时，运行有类路由协议的路由器虽然在邻居路由更新包中能看到子网的网络地址，但是不知道应该使用什么样的子网掩码，也不知道子网的网络位，因而无法知道路由更新包中的子网到底是什么网段，也就只能把这些子网变成它们的主类网，例如，会把子网 10.10.2.0/24 识别为网络 10.0.0.0/8。

2) 无类路由协议

无类路由协议包括 RIP-V2、EIGRP、OSPF 等。无类路由协议支持可变长的子网掩码，能够从邻居那里学习到子网信息，所有关于子网的路由在被学习到时不会被变成子网的主类网，而是以子网的形式直接进入路由表。例如，路由器从邻居学到了 172.16.2.0/24 这个子网的路由，就能够识别子网掩码，从而将 172.16.2.0/24 这个子网的路由加入路由表。

### 4. 静态路由和默认路由

在实际应用中，路由器配置的路由通常有三种，即静态路由、默认路由和动态路由，其中静态路由和默认路由都需要管理员手工进行添加，动态路由是通过各类动态路由协议实现的，在本实验中重点介绍静态路由和默认路由。

#### 1) 静态路由

静态路由是由管理员手工配置而成的。通过静态路由的配置可建立一个互通的网络，但这种配置存在一定的问题，当一个网络故障发生后，静态路由不会自动发生调整，必须有管理员的介入及修改。

在拓扑结构比较简单的网络中，只需配置静态路由就可以使路由器正常工作，仔细地设置和使用静态路由可改进网络的性能，为重要的应用保证带宽。以下是静态路由的一些属性：

(1) 可达路由。正常的路由都属于这种情况，即 IP 报文可按照目的地标识的路由被送往下一跳，这是静态路由的一般用法。

(2) 目的地不可达的路由。当到达某一目的地的静态路由具有"丢弃"属性时，任何去往该目的地的 IP 报文都将被丢弃，并且通知源主机目的地不可达。

(3) 目的地为黑洞路由。当到达某一目的地的静态路由具有"黑洞"属性时，任何去往该目的地的 IP 报文都将被丢弃，并且不通知源主机。

其中"丢弃"和"黑洞"属性一般用来控制本路由器可达目的地的范围，辅助网络故障的诊断。

通过配置静态路由，可以人为地指定对某一网络访问时所要经过的路径。在网络结构比较简单，并且到达某一网络只有唯一路径时，均采用静态路由。静态路由的效率最高，系统性能占用最少。对于企业网络而言，往往只有一条连接至 Internet 的链路，因此，选择使用静态路由最合适。

静态路由的配置如图 10-1 所示，要配置局域网 1 的数据包，可以通过路由器 R1 进行转发，即可以在 R1 中配置静态路由信息，该路由信息项通过 R1 的 S0 端口转发，目标网络是局域网 2。

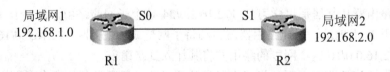

图 10-1　静态路由的配置

图 10-1 中的参考命令如下：

　　　　Router(config)#ip router 192.168.2.0 255.255.255.0 S0

静态路由协议的优点是显而易见的，由于其是人工手动设置的，因此具有设置简单、传输效率高、性能可靠等优点，在所有的路由协议中它的优先级最高，当静态路由协议与其他路由协议发生冲突时，会自动以静态路由为准。静态路由一般适用于比较简单的网络环境，在这样的环境中，网络管理员易于清楚地了解网络拓扑结构，便于设置正确的路由信息。

2）默认路由

默认路由是一种特殊的路由，也是静态路由的一种特例。它可以通过静态路由配置，其配置语法与静态路由的基本相同，不同的是配置命令中的关键字"network mask"必须是"0.0.0.0 0.0.0.0"。其中某些动态路由协议也可以生成默认路由，如 OSPF。

简单地说，默认路由就是在没有找到匹配的路由表的表项时才启用的路由，即当没有合适的路由时，默认路由才被使用。在路由表中，默认路由以 0.0.0.0(掩码为 0.0.0.0)的路由形式出现。如果报文的目的地址不能与路由表中任何表项相匹配，那么该报文将选取默认路由；如果没有默认路由且报文的目的地不在路由表中，那么该报文被丢弃的同时，将向源端返回一个 ICMP 报文报告该目的地址或网络不可达。

在真实的网络环境中，默认路由的配置要慎重，一旦配置不当就有可能将数据包发送到无法到达的目的地网络中。

# 10.4　实验环境与设备

(1) Cisco 2620(或 RG-1762)路由器两台、已安装操作系统的 PC 机两台。
(2) Console 接口的电缆一条、按 EIA/TIA-568B 标准制作 1.5 m 的双绞线三条。
(3) 每组两位同学，各操作一台 PC，协同做实验。

# 10.5　实验组网图

静态路由、默认路由的实验拓扑图如图 10-2 所示，其实验设备信息表如表 10-2 所示。

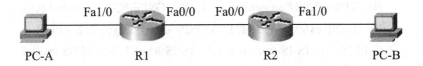

图 10-2　静态路由、默认路由的实验拓扑图

**表 10-2　静态路由、默认路由的实验设备信息表**

| 设备名 | 接口 | IP 信息 | |
| --- | --- | --- | --- |
| | | IP 地址 | 网关 |
| PC-A | RJ-45 | 192.168.1.2/24 | 192.168.1.1 |
| R1 | Fa1/0 | 192.168.1.1/24 | 无 |
| | Fa0/0 | 192.168.2.1/24 | 无 |
| R2 | Fa0/0 | 192.168.2.2/24 | 无 |
| | Fa1/0 | 192.168.3.1/24 | 无 |
| PC-B | RJ-45 | 192.168.3.2/24 | 192.168.3.1 |

## 10.6 实 验 步 骤

以下用 Cisco 2620 路由器进行实验。

(1) 按照图 10-2 所示，用实验提供的线缆连接好各设备。

(2) 按照表 10-2 配置各设备的 IP 信息。

(3) 为路由器 R1、R2 配置默认路由。

① 路由器 R1：

  Router#config terminal

  Router(config)#hostname R1

  R1(config)#interface fastEthernet 0/0

  R1(config-if)#ip address 192.168.2.1 255.255.255.0

  R1(config-if)#no shutdown

  R1(config-if)#exit

  R1(config)#interface fastEthernet 1/0

  R1(config-if)#ip address 192.168.1.1 255.255.255.0

  R1(config-if)#no shutdown

  R1(config-if)#end

查看路由表：

R1#show ip route

Codes: C - connected, S - static, I - IGRP, R - RIP, M - mobile, B - BGP

   D - EIGRP, EX - EIGRP external, O - OSPF, IA - OSPF inter area

   N1 - OSPF NSSA external type 1, N2 - OSPF NSSA external type 2

   E1 - OSPF external type 1, E2 - OSPF external type 2, E - EGP

   i - IS-IS, su - IS-IS summary, L1 - IS-IS level-1, L2 - IS-IS level-2

   ia - IS-IS inter area, * - candidate default, U - per-user static route

   o - ODR, P - periodic downloaded static route

Gateway of last resort is not set

C  192.168.1.0/24 is directly connected, FastEthernet1/0

C  192.168.2.0/24 is directly connected, FastEthernet0/0

            //此条路由在 R2 配置完成后产生

② 路由器 R2：

  Router#config terminal

  Router(config)#hostname R2

  R2(config)#interface fastEthernet 0/0

  R2(config-if)#ip address 192.168.2.2 255.255.255.0

R2(config-if)#no shutdown

R2(config-if)#exit

R1(config)#interface fastEthernet 1/0

R2(config-if)#ip address 192.168.3.1 255.255.255.0

R2(config-if)#no shutdown

R2(config-if)#end

查看路由表：

R2#show ip route

Codes: C - connected, S - static, I - IGRP, R - RIP, M - mobile, B - BGP

          D - EIGRP, EX - EIGRP external, O - OSPF, IA - OSPF inter area

          N1 - OSPF NSSA external type 1, N2 - OSPF NSSA external type 2

          E1 - OSPF external type 1, E2 - OSPF external type 2, E - EGP

          i - IS-IS, su - IS-IS summary, L1 - IS-IS level-1, L2 - IS-IS level-2

          ia - IS-IS inter area, * - candidate default, U - per-user static route

          o - ODR, P - periodic downloaded static route

Gateway of last resort is not set

C     192.168.2.0/24 is directly connected, FastEthernet0/0

C     192.168.3.0/24 is directly connected, FastEthernet1/0

此时，观察并分析路由表，用 Ping 命令按照表 10-3 所列出的信息检测各设备之间的连通性，并分析其原因。

表 10-3　测 试 结 果

|  |  | 所用命令 | 结果 |
|---|---|---|---|
| 同一网段 | PC-A-R1 |  |  |
|  | PC-B-R2 |  |  |
|  | R1-R2 |  |  |
| 不同网段 | PC-A-R2 |  |  |
|  | PC-A-PC-B |  |  |
|  | R1-PC-B |  |  |

(4) 在路由器 R1、R2 上做如下的静态路由配置：

① 路由器 R1：

R1(config)#ip route 192.168.3.0 255.255.255.0 192.168.2.2

R1(config)#end

查看路由表：

R1#show ip route

Codes: C - connected, S - static, I - IGRP, R - RIP, M - mobile, B - BGP

D - EIGRP, EX - EIGRP external, O - OSPF, IA - OSPF inter area

N1 - OSPF NSSA external type 1, N2 - OSPF NSSA external type 2

E1 - OSPF external type 1, E2 - OSPF external type 2, E - EGP

i - IS-IS, su - IS-IS summary, L1 - IS-IS level-1, L2 - IS-IS level-2

ia - IS-IS inter area, * - candidate default, U - per-user static route

o - ODR, P - periodic downloaded static route

Gateway of last resort is not set

C     192.168.1.0/24 is directly connected, FastEthernet1/0

C     192.168.2.0/24 is directly connected, FastEthernet0/0

S     192.168.3.0/24 [1/0] via 192.168.2.2

② 路由器 R2:

R2(config)#ip route 192.168.1.0 255.255.255.0 192.168.2.1

R2(config)#end

查看路由表：

R2#show ip route

Codes: C - connected, S - static, I - IGRP, R - RIP, M - mobile, B - BGP

D - EIGRP, EX - EIGRP external, O - OSPF, IA - OSPF inter area

N1 - OSPF NSSA external type 1, N2 - OSPF NSSA external type 2

E1 - OSPF external type 1, E2 - OSPF external type 2, E - EGP

i - IS-IS, su - IS-IS summary, L1 - IS-IS level-1, L2 - IS-IS level-2

ia - IS-IS inter area, * - candidate default, U - per-user static route

o - ODR, P - periodic downloaded static route

Gateway of last resort is not set

S     192.168.1.0/24 [1/0] via 192.168.2.1

C     192.168.2.0/24 is directly connected, FastEthernet0/0

C     192.168.3.0/24 is directly connected, FastEthernet1/0

再查看各路由器的路由表，发现比以前多了一条路由项，用 Ping 命令按照表 10-4 所列出的信息检测各设备之间的连通性，并分析其原因。

表 10-4  测 试 结 果

| | | 所用命令 | 结果 |
|---|---|---|---|
| 同一网段 | PC-A-R1 | | |
| | PC-B-R2 | | |
| | R1-R2 | | |
| 不同网段 | PC-A-R2 | | |
| | PC-A-PC-B | | |
| | R1-PC-B | | |

(5) 删除刚才所配置的静态路由，为路由器 R1、R2 配置默认路由。

① 路由器 R1：

  R1(config)#no ip route 192.168.3.0 255.255.255.0

  R1(config)#ip route 0.0.0.0 0.0.0.0 192.168.2.2

  R1(config)#end

查看路由表：

  R1#show ip route

  Codes: C - connected, S - static, I - IGRP, R - RIP, M - mobile, B - BGP

     D - EIGRP, EX - EIGRP external, O - OSPF, IA - OSPF inter area

     N1 - OSPF NSSA external type 1, N2 - OSPF NSSA external type 2

     E1 - OSPF external type 1, E2 - OSPF external type 2, E - EGP

     i - IS-IS, su - IS-IS summary, L1 - IS-IS level-1, L2 - IS-IS level-2

     ia - IS-IS inter area, * - candidate default, U - per-user static route

     o - ODR, P - periodic downloaded static route

  Gateway of last resort is 192.168.2.2 to network 0.0.0.0

  C  192.168.1.0/24 is directly connected, FastEthernet1/0

  C  192.168.2.0/24 is directly connected, FastEthernet0/0

  S*  0.0.0.0/0 [1/0] via 192.168.2.2

② 路由器 R2：

  R2(config)#no ip route 192.168.1.0 255.255.255.0

  R2(config)#ip route 0.0.0.0 0.0.0.0 192.168.2.1

  R2(config)#end

查看路由表：

  R2#show ip route

  Codes: C - connected, S - static, I - IGRP, R - RIP, M - mobile, B - BGP

     D - EIGRP, EX - EIGRP external, O - OSPF, IA - OSPF inter area

     N1 - OSPF NSSA external type 1, N2 - OSPF NSSA external type 2

     E1 - OSPF external type 1, E2 - OSPF external type 2, E - EGP

     i - IS-IS, su - IS-IS summary, L1 - IS-IS level-1, L2 - IS-IS level-2

     ia - IS-IS inter area, * - candidate default, U - per-user static route

     o - ODR, P - periodic downloaded static route

  Gateway of last resort is 192.168.2.1 to network 0.0.0.0

  C  192.168.2.0/24 is directly connected, FastEthernet0/0

  C  192.168.3.0/24 is directly connected, FastEthernet1/0

  S*  0.0.0.0/0 [1/0] via 192.168.2.1

再查看各路由器的路由表，与以上的路由表对比，用 Ping 命令按照表 10-5 所列出的信息检测各设备之间的连通性，并分析其原因。

表 10-5　测 试 结 果

| | | 所用命令 | 结果 |
|---|---|---|---|
| 同一网段 | PC-A-R1 | | |
| | PC-B-R2 | | |
| | R1-R2 | | |
| 不同网段 | PC-A-R2 | | |
| | PC-A-PC-B | | |
| | R1-PC-B | | |

## 10.7　小　　结

通过本次实验，学习如何在路由器中配置静态路由、默认路由，然后分别用 Ping 命令测试网络的连通性，深入了解路由原理并掌握静态路由和默认路由的配置方法及用途。

# 第二篇

# 网络实训篇

# 实训 1　家庭局域网的组建

## 1.1　实 训 目 的

本实训项目要求把所学基础知识应用到简单的家庭组网中，将多台 PC 通过 ADSL 接入互联网。

## 1.2　实 训 学 时

每组 2 个学时，每组不得超过 1 人。

## 1.3　实 训 场 地

实训场地为实训室，要求利用实物设备进行组网。

## 1.4　实 训 内 容

(1) 根据项目任务写出项目报告。报告应包括需求分析、系统设计、设备选型和项目设计四大部分。需求分析详细描述项目需求情况；系统设计包括拓扑结构、IP 地址规划等；设备选型包括设备的型号、功能及数量等；项目设计中必须考虑系统的安全设计、管理设计等关键设计。

(2) 写出调试过程及配置代码。

(3) 利用图、表等方式描绘出实训结果。

(4) 将实训评估用单独的一页纸加入到项目报告中。

## 1.5　项 目 任 务

### 1.5.1　项目背景

某用户从 ISP 运营商申请了一个 ADSL 账户，现急需将用户家中的电脑通过 ADSL 调制解调器连接到因特网。

说明：电信链路完好，设备齐全。

### 1.5.2 项目要求

(1) 要求 PC 在正常上网时，电话机能正常进行语音通话。

(2) 用户家中的三台 PC，均需通过 ADSL 调制解调器连接到因特网。

(3) 所设计的网络能自动为每个用户进行 IP 地址的分配。

(4) 用户不需在每台 PC 上拨号，要求将 PC 接入到网络设备，能正常上网。

(5) 要求各个 PC 之间能相互访问。

# 1.6 实 训 评 估

(1) 评估原则如表 1 所示。

表 1 评 估 原 则

| 评 估 项 目 | | 自评分 | 组长评分 | 老师评分 | 备注 |
|---|---|---|---|---|---|
| 素质考评 (10 分) | 劳动纪律(5 分) | | | | |
| | 协同意识(5 分) | | | | |
| 项目报告 (30 分) | 要点分明(5 分) | | | | |
| | 重点突出(10 分) | | | | |
| | 设计合理(15 分) | | | | |
| 实际操作 (60 分) | 前期准备(10 分) | | | | |
| | 采用方法(10 分) | | | | |
| | 实现过程(20 分) | | | | |
| | 完成情况(10 分) | | | | |
| | 其　他(10 分) | | | | |
| 合　计 | | | | | |
| 综合评分 | | | | | |

(2) 根据自己项目的完成情况，对自己的工作进行自我评估并提出改进意见。

(3) 指导老师评价及成绩。

# 实训2 小型局域网的组建

## 2.1 实训目的

(1) 通过本实训项目要求把所学的二层交换技术、三层交换技术、单臂路由、NAT 等知识点综合应用。

(2) 提高学生组建小型局域网的能力。

## 2.2 实训学时

每组 6 个学时，学生人数请指导老师根据学生对知识的掌握程度进行限定，每组不得超过 4 人。

## 2.3 实训场地

实训场地为实训室，要求利用实物设备进行组网。

## 2.4 实训内容

(1) 根据项目任务写出项目报告。报告应包括需求分析、系统设计、设备选型和项目设计四大部分。需求分析详细描述项目需求情况；系统设计包括拓扑结构、IP 地址规划、路由规划、VLAN 规划等项目规划；设备选型包括设备的型号、配置、模块、数量等；项目设计中必须考虑系统的安全设计、管理设计等关键设计。

(2) 写出调试过程及配置代码。

(3) 利用图、表等方式描绘出实训结果。

(4) 将实训评估用单独的一页纸加入到项目报告中。

# 2.5 项目任务

## 2.5.1 项目背景

某公司因业务发展需扩大网络规模，决定对网络进行改造。公司现设技术部、财务部、总经办、销售部四个部门，分布于两幢大楼，大楼间相隔约 350 m。建筑物信息点分布情况如表 2 所示。

**表 2 建筑物信息点分布情况**

| 部　门 | 员 工 数 | 部　门 | 员 工 数 |
|---|---|---|---|
| 总经办 | 6 | 销售部 | 30 |
| 技术部 | 13 | 财务部 | 5 |

## 2.5.2 项目要求

(1) 为节约开支，决定购买二层交换机及小型路由器接入因特网。

(2) 公司从 ISP 运营商申请了两个 IP 地址，作为公司的出口，即 218.24.26.12/28 和 218.24.26.13/28。

(3) 公司架设了自己的 Web 服务器，介绍自己公司的业务，同时 Web 服务器为公司内外用户提供信息浏览服务。

(4) 要求各部门之间不能互相访问，但能同时访问互联网。

(5) 要求使用 DHCP 对 IP 地址进行自动分配。设计时需考虑 DHCP 的安全性和服务性能，防止私设 DHCP 服务、虚假 IP 地址欺骗等恶意攻击现象的出现。

(6) 要求网络中能实现对 ARP 攻击、部分 DoS 攻击、部分病毒传播进行控制(设计时需考虑安全性，可采用专用的安全设备并接入网络；也可采用 ACL 等安全控制手段，如利用 ACL 时，需要在配置命令中体现)。

(7) 在工作时间内，只允许各部门连接因特网 HTTP 服务，并且要对网页中的游戏、股票等服务进行过滤(在报告中以代表性服务为例)。

(8) 要求记录用户上网日志，以保证社会的稳定和校园的安全。

(9) 各种计算机除在指定场所使用外，不允许未经同意在其他地方接入网络。

# 2.6 实训评估

(1) 评估原则如表 3 所示。

表 3  评 估 原 则

| 评 估 项 目 | | 自评分 | 组长评分 | 老师评分 | 备注 |
|---|---|---|---|---|---|
| 素质考评<br>(10 分) | 劳动纪律(5 分) | | | | |
| | 协同意识(5 分) | | | | |
| 项目报告<br>(30 分) | 要点分明(5 分) | | | | |
| | 重点突出(10 分) | | | | |
| | 设计合理(15 分) | | | | |
| 实际操作<br>(60 分) | 前期准备(10 分) | | | | |
| | 采用方法(10 分) | | | | |
| | 实现过程(20 分) | | | | |
| | 完成情况(10 分) | | | | |
| | 其    他(10 分) | | | | |
| 合    计 | | | | | |
| 综合评分 | | | | | |

(2) 根据自己项目的完成情况，对自己的工作进行自我评估并提出改进意见。

(3) 指导老师评价及成绩。

# 实训 3  大中型企业网络的组建

## 3.1  实训目的

(1) 通过本实训项目要求把所学的策略路由、NAT、ACL、VLAN、路由器、二层交换技术、三层交换技术、DHCP 中继等知识点进行综合应用。

(2) 提高学生组建大中型企业网络的能力。

## 3.2  实训学时

每组 20 个学时，学生人数请指导老师根据学生对知识的掌握程度来限定，每组不得超过 6 人。

## 3.3  实训场地

实训场地为实训室，要求利用实物设备进行组网。

## 3.4  实训内容

(1) 根据项目任务写出项目报告。报告应包括需求分析、系统设计、设备选型和项目设计四大部分。需求分析详细描述项目需求情况；系统设计包括拓扑结构、IP 地址规划、路由规划、VLAN 规划等项目规划；设备选型包括设备的型号、配置、模块、数量等；项目设计中必须考虑系统的安全设计、管理设计等关键设计。

(2) 写出调试过程及配置代码。

(3) 利用图、表等方式描绘出实训结果。

(4) 将实训评估用单独的一页纸加入到项目报告中。

## 3.5  项目任务

### 3.5.1  项目背景

某企业为国家级制造业的重点企业，现有在职员工 28 500 人。为适应信息化社会对企业的经营、生产、管理等方面的要求，拟实现企业信息化并建立企业信息化网络。企业已兼并了省内五个同行企业，并在全国 18 个省市建立了办事机构，本次网络改造要求将企业的所有机构全部连接起来(分支机构内部网络不需设计，在此仅需设计骨干网)。企业的建筑物信息点分布情况如表 4 所示。

表 4　企业的建筑物信息点分布情况

| 建筑地点 | 信息点数 | 建筑地点 | 信息点数 | 建筑地点 | 信息点数 |
|---|---|---|---|---|---|
| 总部大楼 | 133 | 文化中心 | 97 | 家属楼 1 幢 | 126 |
| 投资公司 | 67 | 生产分一厂 | 111 | 家属楼 2 幢 | 196 |
| 销售中心 | 117 | 生产分二厂 | 241 | 家属楼 3 幢 | 205 |
| 研究院 | 212 | 生产分三厂 | 135 | 家属楼 4 幢 | 195 |
| 商务中心 | 235 | 生产分四厂 | 98 | 家属楼 5 幢 | 206 |
| 物流中心 | 147 | 生产分五厂 | 108 | 家属楼 6 幢 | 196 |

说明：网络中心设计在总部大楼 18 楼，总部其他建筑物到网络中心距离在 1000 m～15000 m 之间。

### 3.5.2　项目要求

(1) 建立双核心设备的高可靠性网络，核心交换互相备份，汇聚交换与核心交换间采用双链路连接。为充分发挥设备性能，两台核心交换承载不同用户负载。为满足发展需要，建立 10G 核心骨干网络。网络要求具有良好的可管理性、可运行性，安全性能高，可满足新业务的发展和新技术的应用。

(2) 为满足访问的需求，企业计划引入电信(222.243.204.1/28)和网通(74.218.27.64/28)两个 ISP 运营商，利用双出口访问互联网。为提高互联网访问速度和充分利用出口带宽资源，要求正常情况下根据用户访问的不同目标地址选择不同的 ISP 运营商的出口访问互联网，当两个出口任意一个出现故障时，不能间断所有用户对互联网的访问。

(3) 为满足企业对外宣传，计划建立企业网站，网站对外应具有良好的可靠性、可扩展性，可根据访问量灵活扩展网站性能，以满足大用户访问量的需要(只需设计，不要求配置)。

(4) 由于公司公共网的 IP 地址不足，要求 Web 和 Mail 共用一个 IP 地址。

(5) 为满足大量 FTP 下载需求，要求多台 FTP 服务器共用一个 IP 地址对外服务，并且只在非工作时间内访问。

(6) 为满足公司各职能部门行政工作的需要，建立了办公自动化(OA)服务，要求家属楼以外的所有部门都能正常访问。

(7) 为提高网络的安全性，应充分利用路由器、交换机的安全性，实现对 ARP 攻击、部分 DoS 攻击、部分病毒传播进行控制(设计时需考虑安全性，可采用专用的安全设备并接入网络，也可采用 ACL 等安全控制手段，例如，当利用 ACL 时，需在配置命令中体现)。

(8) 网络规模较大，应该采用 DHCP 对 IP 地址进行自动分配。设计时需考虑 DHCP 的安全和性能，防止私设 DHCP 服务、虚假 IP 地址欺骗等恶意攻击现象的出现。

(9) 各办公电脑除在指定办公场所使用外，不允许未经同意在其他地方接入网络。

(10) 财务部门可访问其他部门的网络，但禁止其他部门主动连接财务部门的网络(财务部门无基于 TCP 以外的应用)，其他各部门的办公地点分布于不同建筑物内。

(11) 其他分支机构可采用 VPN 接入和专线接入两种方式中的任意一种进行设计，只要求写出某一机构对接路由器的配置。

# 3.6 实 训 评 估

(1) 评估原则如表 5 所示。

表 5 评 估 原 则

| 评 估 项 目 | | 自评分 | 组长评分 | 老师评分 | 备注 |
|---|---|---|---|---|---|
| 素质考评 (10 分) | 劳动纪律(5 分) | | | | |
| | 协同意识(5 分) | | | | |
| 项目报告 (30 分) | 要点分明(5 分) | | | | |
| | 重点突出(10 分) | | | | |
| | 设计合理(15 分) | | | | |
| 实际操作 (60 分) | 前期准备(10 分) | | | | |
| | 采用方法(10 分) | | | | |
| | 实现过程(20 分) | | | | |
| | 完成情况(10 分) | | | | |
| | 其   他(10 分) | | | | |
| 合   计 | | | | | |
| 综合评分 | | | | | |

(2) 根据自己项目的完成情况，对自己的工作进行自我评估并提出改进意见。

(3) 指导老师评价及成绩。

# 实训 4　大中型校园网的组建

## 4.1　实　训　目　的

(1) 通过本次实训项目要求把所学的 RIP、NAT、VLAN、二层交换技术、三层交换技术等知识点综合应用。

(2) 提高学生组建大中型校园网的能力。

## 4.2　实　训　学　时

每组 16 个学时，学生人数由指导老师根据学生对知识的掌握程度进行限定，每组不得超过 4 人。

## 4.3　实　训　场　地

实训场地为实训室，要求利用实物设备进行组网。

## 4.4　实　训　内　容

(1) 根据项目任务写出项目报告。报告应包括需求分析、系统设计、设备选型和项目设计四大部分。需求分析详细描述项目需求情况；系统设计包括拓扑结构；IP 地址规划、路由规划、VLAN 规划等项目规划；设备选型包括设备的型号、配置、模块、数量等；项目设计中必须考虑系统的安全设计、管理设计等关键设计。

(2) 写出调试过程及配置代码。

(3) 利用图、表等方式描绘出实训结果。

(4) 将实训评估用单独的一页纸加入到项目报告中。

## 4.5　项　目　任　务

### 4.5.1　项目背景

某大学现有教职员工 1000 人，学生约为 1.3 万人，共设计信息点 2 万个，原有约 8000

个信息点已接入网络,计划新接入网络的信息点约为 12 000 个。为适应信息化发展的需要,对现在网络进行改造,原有网络设备需应用到新网络中。本次网络改造要求将校园网的所有机构全部连接起来,并为下一步的校园一卡通服务做准备。已接入网络的建筑物信息点分布情况如表 6 所示,已经存在的原有设备情况如表 7 所示。

**表 6  已接入网络的建筑物信息点分布情况**

| 建筑地点 | 信息点数 | 建筑地点 | 信息点数 | 建筑地点 | 信息点数 |
|---|---|---|---|---|---|
| 办公大楼 | 256 | 第一教学楼 | 145 | 家属楼 1~5 幢 | 各 36 |
| 图书馆 | 475 | 第二教学楼 | 156 | 家属楼 6~14 幢 | 各 24 |
| 研究生院 | 321 | 第三教学楼 | 226 | 家属楼 15~25 幢 | 各 36 |
| 成教学院 | 112 | 第四教学楼 | 178 | 研究生宿舍楼 | 312 |
| 体育馆 | 24 | 第五教学楼 | 121 | 学生宿舍 1 幢 | 144 |
| 学生食堂 | 447 | 第一实验楼 | 641 | 学生宿舍 3 幢 | 72 |
| 计算机学院 | 636 | 第二实验楼 | 535 | 学生宿舍 5 幢 | 72 |
| 数学楼 | 62 | 第三实验楼 | 898 | 学生宿舍 6~22 幢 | 各 256 |

**表 7  原有设备情况**

| 设备名 | 设 备 配 置 | 数量 | 状态 | 备注 |
|---|---|---|---|---|
| Cisco 3750 | 三层交换机 | 1 台 | 正常 | |
| Cisco 3550 | 三层交换机;48 口 10/100M 自适应端口;2 个标准 GBIC 扩展槽,支持 1000M | 3 台 | 正常 | |
| Cisco 2950 | 二层交换机;24 口 10/100M 自适应端口;2 个标准 GBIC 扩展槽,支持 1000M | 8 台 | 正常 | |
| Cisco 3640 | 模块化路由器;1 个 4T 模块,支持 4 个 S 端口;3 块快速以太网模块,每块 1 个快速以太网端口;支持策略路由、GRE-VPN | 1 台 | 正常 | |
| TP-Link 1024 | 24 口 10/100M 自适应端口 | 21 台 | 正常 | |
| TOPSEC 3000 | 100M 防火墙;3 个 100M 快速以太网端口 | 1 台 | 正常 | |
| IDS | 入侵监测系统 | 1 套 | 正常 | |
| IBM 236 | 塔式服务器;双核 CPU;2G 内存;2×73G 硬盘;支持 RAID 0、RAID 1、RAID 5 | 4 台 | 正常 | |
| UPS | 6kVA | 1 套 | 正常 | |
| 其他 | 双绞线、光纤等 | 1 批 | 正常 | |

说明:学校网络中心机房设计在办公大楼的 12 楼,其他建筑到网络中心距离在 1000 m~5000 m 之间。

## 4.5.2　项目要求

(1) 为节约开支，原有的网络设备将应用到新网络中，整个网络按最新技术重新设计。校园网分三块，分别是办公区、学生区、家属区，在核心层建立双核心的可靠性网络，核心交换互相备份，三个区域的汇聚交换与核心交换机间采用双链路连接。为充分发挥设备性能，两台核心交换机能进行负载均衡。为满足发展需要，建立 10G 核心骨干网络，并为 IPV6 的升级做好准备。

网络要求具有良好的可管理性、可运行性和高安全性，可满足新业务的发展和新技术的应用。

(2) 为满足访问的需求，计划再将引入电信的带宽增加到 1000M，IP 地址为 218.76.204.1/26；新引入教育网带宽为 100M，IP 地址为 58.47.48.1/24，两个 ISP 满足不同用户接入互联网的需要。

为提高互联网访问速度，要求正常情况下根据用户访问的不同目标地址需求选择不同的 ISP 出口访问互联网。

(3) 教育网主要用于招生，连接到省级教育网节点是采用 VPN 模式连接，选用 GRE 协议建立连接。

(4) 为满足学校对外宣传，计划建立校园网站，要求对外应具有良好的可靠性、可扩展性，可根据访问量灵活扩展网站性能，以满足大用户量的需要(只需设计，不要求配置)。

(5) 为达到以网养网的目标，要求学生网采用基于 IEEE 802.1x 客户端的拨号收费制，并采用 MAC + IP + 端口管理方式进行管理，要求支持 IEEE 802.1x、PPPOE、Hotspot 等多种计费方式。

(6) 为提高网络的安全性，应充分利用路由器、交换机本身的安全功能，在所有网络中需实现对 ARP 攻击、部分 DoS 攻击、部分病毒传播进行控制(设计时需考虑安全性，可采用专用的安全设备并接入网络，也可采用 ACL 等安全控制手段，如当利用 ACL 时，需要在配置命令中体现)。

(7) 在出口设计中，任意时间都要保证服务器区带宽优先；工作时间段，要求优先保证办公网的各类应用。

(8) 要求记录用户上网日志，以保证社会稳定和校园安全。

(9) 网络规模较大，应该采用 DHCP 对 IP 地址进行自动分配。设计时需考虑 DHCP 的安全和性能，防止私设 DHCP 服务、虚假 IP 地址欺骗等恶意攻击现象的出现。

(10) 各电脑除在指定场所使用外，不允许未经同意在其他地方接入网络。

(11) 因公网地址不足，需采用 NAT 技术对内网地址进行转换。

(12) 学生区网络与其他两区网络不能进行互访。

(13) 在办公网络中，财务部门可访问其他部门的网络，但禁止其他部门主动连接财务部门的网络，财务部门无基于 TCP 以外的应用，其他各部门的办公地点分布于不同建筑物内。

(14) 为方便管理，要求网内选用 RIP 路由协议。

(15) 对于服务器的设计，只要求写出应用，不要求配置。

# 4.6 实训评估

(1) 评估原则如表 8 所示。

**表 8 评估原则**

| 评 估 项 目 | | 自评分 | 组长评分 | 老师评分 | 备注 |
|---|---|---|---|---|---|
| 素质考评<br>(10 分) | 劳动纪律(5 分) | | | | |
| | 协同意识(5 分) | | | | |
| 项目报告<br>(30 分) | 要点分明(5 分) | | | | |
| | 重点突出(10 分) | | | | |
| | 设计合理(15 分) | | | | |
| 实际操作<br>(60 分) | 前期准备(10 分) | | | | |
| | 采用方法(10 分) | | | | |
| | 实现过程(20 分) | | | | |
| | 完成情况(10 分) | | | | |
| | 其 他(10 分) | | | | |
| 合 计 | | | | | |
| 综合评分 | | | | | |

(2) 根据自己项目的完成情况，对自己的工作进行自我评估并提出改进意见。

(3) 指导老师评价及成绩。

# 实训 5   行业城域网的组建

## 5.1   实 训 目 的

(1) 通过本实训项目要求把所学的生成树协议、VLAN、OSPF、三层交换技术、路由器等知识点综合应用。

(2) 提高学生组建行业城域网的能力。

## 5.2   实 训 学 时

每组 20 个学时，学生人数请指导老师根据学生对知识的掌握程度进行限定，每组不得超过 8 人。

## 5.3   实 训 场 地

实训场地为实训室，要求利用实物设备进行组网。

## 5.4   实 训 内 容

(1) 根据项目任务写出项目报告。报告应包括需求分析、系统设计、设备选型和项目设计四大部分。需求分析详细描述项目需求情况；系统设计包括拓扑结构、IP 地址规划、路由规划、VLAN 规划等项目规划；设备选型包括设备的型号、配置、模块、数量等；项目设计中必须考虑系统的安全设计、管理设计等关键设计。

(2) 写出调试过程及配置代码。

(3) 利用图、表等方式描绘出实训结果。

(4) 将实训评估用单独的一页纸加入到项目报告中。

## 5.5   项 目 任 务

### 5.5.1   项目背景

某市已纳入省级教育示范市，该市共有 10 个县 2 个区，有初中、高中及城镇小学共

1050 所，教育管理工作单位 300 余个，共有学生 70 余万人，教职员工 5 万余人。为适应社会及教育信息化等方面对网络的要求，拟建立教育城域网。本次网络改造要求将教育行业的所有机构全部连接(主要设计市中心机房连接到县级中心机，包括县级中心机房的网络部分，12 个县、区只需设计一个作为样板，校园网只需设计接入部分，内网部分不需设计)。其中两区学校及机构数量约为县级机构数量的两倍，10 个县的学校及机构数量几乎相等。

　　说明：所有的连接线路均为以太网线路，对于超长线路，在设计时均考虑为线路允许在介质传输范围内。

## 5.5.2　项目要求

　　(1) 为了实现整个教育系统、学校网络的互联互通，城域网要在市电教馆及各个区、县电教馆设置网络中心，便于各个学校、教育局、电教馆接入。市中心机房建立双核心的可靠性网络，核心交换互相备份，县、区汇聚交换与核心交换间采用双链路连接，建立 10G 核心骨干网络，路由协议选用链路状态路由协议(OSPF)。网络要求具有良好的可管理性、可运行性、安全性能高，可满足新业务的发展和新技术的应用。

　　(2) 在市中心机房引入电信(161.185.16.1/20)和网通(74.218.64.1/20)双 ISP 运营商，利用双出口访问互联网。为提高互联网访问速度和充分利用出口带宽资源，要求正常情况下根据用户的访问目的地址不同而使用不同的 ISP 运营商的出口访问互联网，但两个出口任意一个出现故障时，不能间断所有用户对互联网的访问。

　　(3) 城域网采用高层交换方式进行组网，出口采用专业路由器与 ISP 运营商连接。

　　(4) 为保证网络的可靠性，在 12 个县、区中选择 4 个县、区采用链路保护技术配置逻辑环形网，如某县区机房出现故障时，仍可保证网络的正常运行。

　　(5) 为满足不同学校对带宽接入的要求，县级机房能提供 1 M～1 G 各种不同规格的带宽。

　　(6) 为提高网络的安全性，应充分考虑利用路由器、交换机的安全功能实现对 ARP 攻击、部分 DoS 攻击、部分病毒传播进行控制(设计时需考虑安全性，可采用专用的安全设备并接入网络，也可采用 ACL 等安全控制手段，例如，当利用 ACL 时，需要在配置命令中体现)。

　　(7) 为降低成本，所有服务资源放置于市网络中心机房资源中心，由市教育局信息中心统一维护和管理，需设计专业的服务区域。

　　(8) 要求老师、学生在家里，老师、领导等工作人员在外面出差也能访问城域网的办公应用系统、教学资源库，并且针对访问者、使用者的身份进行认证并授权，为特定用户分配特定的访问资源(此为服务权限设计部分，在方案中只需体现)。

　　(9) 为满足企业对外宣传，计划以学校为单位建立各学校网站，网站对外应具有良好的可靠性、可扩展性，可根据访问量灵活扩展网站性能，以满足大用户量的访问需要(只需在设计方案中指出采用的技术，不要求做详细说明及配置)。

　　(10) 城域网要求能够承载多种不同服务要求的业务，实现"一线接入、业务随选"的业务能力，要求此网能支持语音、数据、视频等业务的传输(只需在设备选型时考虑此功能，方案等其他地方不需写出)。

# 5.6 实 训 评 估

(1) 评估原则如表 9 所示。

表 9 评 估 原 则

| 评 估 项 目 | | 自评分 | 组长评分 | 老师评分 | 备注 |
|---|---|---|---|---|---|
| 素质考评<br>(10 分) | 劳动纪律(5 分) | | | | |
| | 协同意识(5 分) | | | | |
| 项目报告<br>(30 分) | 要点分明(5 分) | | | | |
| | 重点突出(10 分) | | | | |
| | 设计合理(15 分) | | | | |
| 实际操作<br>(60 分) | 前期准备(10 分) | | | | |
| | 采用方法(10 分) | | | | |
| | 实现过程(20 分) | | | | |
| | 完成情况(10 分) | | | | |
| | 其　　他(10 分) | | | | |
| 合　　计 | | | | | |
| 综合评分 | | | | | |

(2) 根据自己项目的完成情况，对自己的工作进行自我评估并提出改进意见。

(3) 指导老师评价及成绩。

# 参 考 文 献

[1] 吴黎兵，彭红梅，黄磊. 计算机网络实验教程. 北京：机械工业出版社，2012.

[2] 谢希仁. 计算机网络. 4 版. 北京：电子工业出版社，2004.

[3] 胡小强，李艳. 计算机网络. 上海：复旦大学出版社，2011.

[4] 姜枫. 计算机网络实验教程. 北京：清华大学出版社，2010.

[5] 石炎生，羊四清，谭敏生. 计算机网络工程实用教程. 北京：电子工业出版社，2007.

[6] 胡道元. 计算机网络. 北京：清华大学出版社，2005.

[7] 谢希仁. 计算机网络. 5 版. 北京：电子工业出版社，2009.

[8] 张师林. 计算机网络实训教程. 北京：清华大学出版社，2011.

[9] 雷建军，罗忠，王虎. 计算机网络实用技术. 北京：中国水利水电出版社，2001.

[10] 雷维礼，马立香，彭美娥. 局域网与城域网. 北京：人民邮电出版社，2008.

[11] 高传善. 数据通信与计算机网络：习题解答与实验指南. 北京：高等教育出版社，2004.

参 考 文 献